土壤水分光学遥感反演：
模型、方法与实践

◎ 冷 佩 李召良 廖前瑜 闫秋宇 著

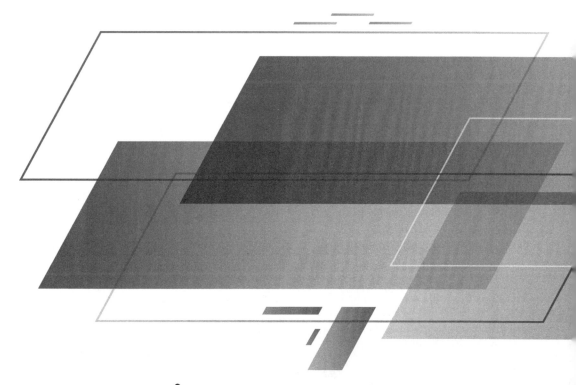

中国农业科学技术出版社

图书在版编目（CIP）数据

土壤水分光学遥感反演：模型、方法与实践 / 冷佩等著. --北京：中国农业科学技术出版社，2022. 11

ISBN 978-7-5116-5965-1

Ⅰ.①土… Ⅱ.①冷… Ⅲ.①光学遥感－应用－土壤水－研究 Ⅳ.①S152.7

中国版本图书馆CIP数据核字（2022）第 199798 号

责任编辑	崔改泵　马维玲
责任校对	马广洋
责任印制	姜义伟　王思文

出 版 者	中国农业科学技术出版社
	北京市中关村南大街 12 号　　邮编：100081
电　　话	（010）82109194（编辑室）　　（010）82109702（发行部）
	（010）82109702（读者服务部）
网　　址	https:// castp.caas.cn
经 销 者	各地新华书店
印 刷 者	北京建宏印刷有限公司
开　　本	170 mm×240 mm　1/16
印　　张	12.25　彩插 8 面
字　　数	213 千字
版　　次	2022 年 11 月第 1 版　　2022 年 11 月第 1 次印刷
定　　价	50.00 元

内 容 简 介

　　本书是作者多年来从事土壤水分遥感基础理论研究与应用实践的成果总结。本书针对当前土壤水分光学遥感反演方法研究成果在实际应用中面临的瓶颈问题，通过引入新的思维与新的信息，从独特的视角系统深入地开展新模型与新方法研究，解决了制约光学遥感土壤水分反演包括土壤质地与土壤水分解耦困难、理论模型假设条件与实践应用条件矛盾以及云雨影响导致的时空监测不连续等一系列瓶颈问题，塑造了土壤水分光学遥感反演研究的新格局。

　　本书可为从事现代农业、数字农业、农业遥感及农业信息化技术研发的科技工作者和大专院校师生提供参考。

前　言

农谚有云："有收无收在于水，收多收少在于肥。"这充分表明了土壤水分在农业生产过程中的重要性，其影响程度甚至高于营养物质。众所周知，我国是一个水资源严重匮乏的农业大国，"在于水"的农业"有收无收"对我国农业可持续发展、国家粮食安全、经济社会稳定以及全球危机应对等至关重要。遥感作为一种高效、可靠、无损且便于大面积应用的监测技术，能够为区域土壤水分及其时空动态变化信息的获取提供有效的科学手段。在国家自然科学基金、科技创新2030——重大项目课题、中国博士后科学基金等一系列项目的支持下，我们对土壤水分光学遥感反演进行了长期的研究，提出了与研究区窗口大小无关的"逐像元"特征空间模型、光谱与时间信息协同的土壤水分反演"椭圆法"，解决了土壤水分光学遥感反演方法受模型假设条件约束导致大范围应用困难，以及土壤体积含水量与土壤质地耦合导致体积含水量分离困难的问题；创建了土壤水分反演的"全天候法"，解决了光学遥感因云影响导致土壤水分反演结果时空不连续的问题。上述研究塑造了土壤水分光学遥感反演研究的新格局，推动了土壤水分光学遥感的发展。本书即为相关研究成果的归纳总结。

全书共分7章。第1章主要介绍土壤水分研究的意义、土壤水分遥感反演方法研究的现状以及当前土壤水分光学遥感反演研究存在的主要瓶颈问题；第2章给出了本书涉及的相关基本概念与理论；第3章介绍"逐像元"特征空间模型及土壤水分反演方法；第4章介绍地表温度—短波净辐射椭圆关系模型及时间与光谱信息协同的土壤水分反演"椭圆法"；第5章介绍土壤水分反演的"全天候法"及全天候高空间分辨率土壤水分产品研制；第 6 章介绍全天候土壤水分遥感反演方法在地表蒸散发中的拓展研究；第 7 章对土壤水分遥感研究的发展趋势进行了总结与展望。

本书的第 1 章由冷佩撰写；第 2 章由冷佩、李召良撰写；第 3 章由冷佩、闫秋宇、李召良撰写；第 4 章由冷佩，李召良撰写；第 5 章由冷佩、李召良、杨哲撰写；第 6 章由廖前瑜、冷佩撰写；第 7 章由冷佩、李召良撰写。全书由冷佩统稿、定稿。

中国科学院大学宋小宁教授以及课题组其他许多老师和同学也为本书的出版做出了很大贡献，在此一并表示感谢！

随着遥感手段和方法的不断进步，尤其是现代精准农业和智慧农业蓬勃发展对多学科交叉的创新驱动，土壤水分遥感定量反演及其业务化应用将日益成熟。本书可为从事现代农业、数字农业、农业遥感及农业信息化技术研发的科技工作者和大专院校师生提供参考。

在撰写的过程中我们力求完整准确、精益求精，希望将在土壤水分光学遥感研究方面的心得呈现给读者，但由于水平所限，书中不足之处在所难免，恳请各位读者批评指正，也敬请各位专家学者不吝赐教。

冷　佩

2022 年 10 月

目　　录

第1章 绪 论

1.1 土壤水分遥感概述

土壤水分通常指吸附于土壤颗粒和存在于土壤孔隙中的水分（Seneviratne et al.，2010；AI-Yarri et al.，2014），它可以分布在地球表面以下至地下水面（潜水面）以上的土壤层中，也被称为非饱和带土壤水。在地球系统中，土壤水分的体量很小，只占地球上淡水总量的0.05%左右（Li et al.，2021）。然而，土壤水分在地球系统中发挥着十分重要的作用，它是陆地水循环的关键变量，其时空分布及变化特征深刻地影响着陆表与大气之间的水分、能量与物质交换。土壤水分在地球系统中的这些重要作用使其成为农业、气象、水文、生态等众多学科重点关注的参数（Gallego-Elvira et al.，2016；Green et al.，2019；McColl et al.，2017）。例如，在农业领域，实时准确的土壤水分监测数据对农业灌溉、作物长势与产量预测具有重要的指导意义；在气象领域，土壤水分能够影响从几小时到多年时间尺度的气候变化，因此，被世界气象组织列为一个基本气候变量（ECV，Essential Climate Variable）；在水文领域，土壤水分通过影响降水形成地表径流与入渗量的比例，从而在地球系统水循环过程发挥着重要作用。

传统土壤水分获取方法通常借助时域反射仪（TDR，Time-Domain Reflectometry）或者频域反射仪（FDR，Frequency-Domain Reflectometry）等设备，采取原位观测的方法进行（Susha et al.，2014）。虽然这些方法精度较高，但其仅限于"点"尺度的观测。考虑到土壤水分通常表现出的强烈的空间异质性，这些"点"尺度的观测很难进行空间外推。因此，目前基于多个"点"尺度土壤水分观测形成的不同尺度土壤水分观测网络，常被用来对遥感像元尺度土壤水分反演结果进行真实性检验，而无法直接在地球系统科学相关应用中发挥应有的作用。基于宇宙射线中子（CRS，Cosmic-Ray Neutron）的土壤水分观测方法是一种相比于传统"点"尺度土壤水分观测更为先进的土壤水分信息获取方法，它无须像"点"尺度土壤水分观测那样在不同深度土壤层中安装固定观测探头而对地表和土壤产生破坏，且能够连续、自动地监测一定半径（大约 300 m）源区内的土壤水分信息（Andreasen et al.，2017）。基于宇宙射线中子获取的土壤水分虽然摆脱了传统"点"尺度观测的不足，具有"面"尺度特征，但其表征的是一个圆形区域内土壤水分状况，而非规则的遥感矩形像元尺度或地球系统科学模型空间格网的土壤水分。除此之外，考虑到其成本较高，基于宇宙射线中子的土壤水分观测目前在实际应用中并不多见。尽管如此，它在土壤水分传统"点"观测方式和遥感像元尺度反演之间建立起了一座桥梁，尤其是能够为土壤水分尺度转换模型的建立提供了新的途径。相较于传统"点"尺度的时域/频域反射仪与具有"面"尺度特征的宇宙射线中子观测方法，遥感具有探测范围广、地面限制少、时效性强、数据信息多等优势。无论是从技术性、经济性，还是从实用性来看，遥感定量反演被认为是获得地表区域乃至全球尺度土壤水分及其时空分布的最有效途径。

由于卫星信号的穿透能力有限，常用的卫星传感器通常只能获取地球表面浅层土壤发射或反射的电磁辐射信号。因此，遥感获取的土壤水分也通常被称为表层土壤水分。然而，有部分研究认为热红外地表温度的时间变化信息以及热红外对植被水分胁迫的探测一定程度上可以表征更深土壤层中的水分状况（Bastiaanssen et al.，2000；Scott et al.，2003；Alburn et al.，2015；Sahaar and Niemann，2020；Akuraju et al.，2021）。在理论上，这是有较为充分的道理的：一是表层与深层土壤水分本身便存在较强的相关性；二是植被从根系吸水，其受水分胁迫导致异常的冠层温度信号能够被热红外遥感捕捉。尽管如此，本书中所提到的遥感土壤水分，仍然主要是指表层土壤中的水分——这与当前绝大多数遥感土壤水分的意义一致。

随着卫星遥感技术的不断快速发展，以及跨平台和多尺度遥感数据的逐渐丰富，土壤水分的定量遥感反演理论与科学应用研究已成为对地观测领域的热点。近半个世纪以来，国内外学者围绕土壤水分遥感反演开展了大量卓有成效的研究工作，创建了众多广为应用的模型与方法（Petropoulos et al.，2015；Babaeian et al.，2019；Li et al.，2021；Peng et al.，2021）。尤其是近十年来，以欧洲空间局（ESA，Eurepean Space Agency）和美国国家航空航天局（NASA，National Aeronautics and Space Administration）为代表的机构相继发射了两颗专注于全球土壤水分观测的卫星 SMOS（Soil Moisture and Ocean Salinity）与 SMAP（Soil Moisture Active Passive），显著提升了全球尺度高频次土壤水分数据的获取能力，极大地促进了地球系统科学研究的发展。尽管如此，在土壤水分遥感反演理论与应用研究方面，目前仍然存在着诸如土壤体积含水量与土壤质地耦合导致前者获取困难、传统方法的适用条件苛刻导致的大范围应用困难以及云影响导致的土壤水分监测时效性不足等瓶颈问题。这些问题很大程度上归咎于土壤水分遥感反演理论研究的不足。本书将在系统总结当前主要的土壤水分遥感反演方法基础上，详细阐述团队围绕土壤水分遥感开展的系统性研究工作，尤其是针对上述提及的当前土壤水分遥感研究瓶颈问题的解决取得的科研成果。同时，本书对土壤水分遥感的未来研究方向进行展望。

1.2　土壤水分遥感反演方法研究现状

利用遥感数据开展土壤水分反演可追溯到 20 世纪 60 年代中后期，经过近半个多世纪的发展，目前无论是从基础理论、模型算法、还是卫星产品数据上，都取得了巨大的成就。本书按照土壤水分遥感反演所用波段及其组合，对当前主要的土壤水分遥感反演方法研究进行梳理。

1.2.1 可见光 / 近红外方法

遥感传感器在可见光 / 近红外波段（0.4~2.5 μm）接收的主要是来自地表对太阳短波辐射的反射信息。在此光谱区间内，不同水分条件的土壤具有不同的光谱反射特征。在可见光 / 近红外波段，对不同土壤水分条件下土壤光谱特征的探索最早可以追溯到 Ångström（1925）在实验中发现的土壤反射率随土壤水分增大而减小的规律。此后，这些研究逐渐从最初的实验室测量，发展到野外观测试验以及遥感卫星数据分析。目前，可见光 / 近红外土壤水分遥感反演方法大致可以分为三类：一是基于单个波段土壤反射率的经验方法（Zhu et al.，2011；Nolet et al.，2014）；二是基于多个土壤水分吸收波段特征的关系模型方法（Whiting et al.，2004；Haubrock et al.，2008）；三是基于辐射传输理论发展的物理反演方法（Sadeghi et al.，2015；Bablet et al.，2018）。不管是哪种方法，其核心都是构建土壤水分与土壤反射率之间的关系模型，可以抽象为将土壤水分表征为土壤反射率的函数（f）：

$$\theta = f(\rho_i) \tag{1.1}$$

式中，θ 为土壤水分，ρ_i 为可见光 / 近红外波段内单个或多个通道反射率。

值得注意的是，上述方法主要针对裸土。在植被覆盖条件下，通常利用可见光 / 近红外波段内多个通道反射率构建表征土壤水分状况的指数（Adegoke and Carleton，2002；Ghulam et al.，2007a，2007b）。常用的指数包括归一化植被指数 NDVI（Normalized Difference Vegetation Index）、归一化多波段干旱指数 NMDI（Normalized Multi-band Drought Index），以及改进的垂直干旱指数 MPDI（Modified Perpendicular Drought Index）等。然而，值得一提的是，这些指数设计的初衷并不是用来反演土壤水分，而只是定性地描述土壤相对干湿状况。因此，这些指数大多被冠以

"干旱"的名头，而实际上干旱的监测远比土壤水分复杂。最近，Sadeghi et al.（2017）提出了一个新的基于可见光／近红外反射率的土壤水分梯形模型 OPTRAM（OPtical TRApezoid Model），也叫光学梯形特征空间模型。图 1.1 为 OPTRAM 示意图。在 OPTRAM 中，一个转换的短波红外（又称近红外）反射率参数 STR（Shortwave-infrared Transformed Reflectance）可由近红外波段反射率（ρ_{nir}）计算得到：

$$STR = \frac{(1-\rho_{nir})^2}{2\rho_{nir}} \qquad (1.2)$$

在该梯形空间中，一个给定像元的土壤水分可以表示为：

$$\theta = \theta_d + \frac{STR - STR_d}{STR_w - STR_d} \times (\theta_w - \theta_d) \qquad (1.3)$$

式中，θ_d 与 θ_w 分别是干边与湿边上的土壤水分，STR_d 与 STR_w 分别是该像元对应干边与湿边上的 STR 值。在假设 STR_d 与 STR_w 分别与 NDVI 呈线性变化的前提下，二者可以分别表示为：

$$STR_d = i_d + s_d \times NDVI \qquad (1.4)$$

$$STR_w = i_w + s_w \times NDVI \qquad (1.5)$$

式中，i_d 与 s_d 分别是干边的截距与斜率，i_w 与 s_w 分别是湿边的截距与斜率。

总的来说，基于可见光／近红外的土壤水分反演方法原理简单，方便易行，其核心思想与内容是建立土壤水分与土壤反射率之间的联系。考虑到云的影响与有限的探测深度，在实际应用中基于可见光／近红外反演区域尺度土壤水分的研究并不多见。此外，早期研究更多的是关注经验方法以及基于可见光／近红外波段反射率的指数构建上。近年来，具有物理机理的方法越来越引起人们的重视（Sadeghi et al.，2017；Babaeian et al.，2018；Mananze et al.，Ambrosone et al.，2020）。值得注意的是，这些新方法逐渐摆脱了人们对于传统可见光／近红外土壤水分反演方法更常用于实验室分析与野外观测试验阶段的印象，在实际应用中表现出了较好的发展潜力。

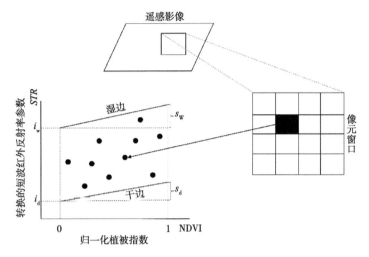

图 1.1　光学梯形特征空间模型 OPTRAM 示意图

1.2.2　热红外方法

热红外遥感通过 3.5~14 μm 波段探测地表的热特性，与地表热特性密切相关的地表温度热红外遥感反演技术的发展，为热红外遥感反演土壤水分提供了关键的数据支撑。目前，热惯量法是最为常用的热红外土壤水分反演方法。热惯量是一种量度物质热惰性大小的物理量，它是物质热特性的一种综合量度，反映了物质与周围环境能量交换的能力，即反映物质阻止热变化的能力。热惯量可以表达为：

$$TI = \sqrt{k\rho c} \qquad (1.6)$$

式中，TI 为热惯量，k 为热导率，ρ 为体积密度，c 为比热容。

考虑到土壤体积密度与比热容通常为定值，而土壤热导率随土壤水分含量变化发生而显著变化，因此，土壤水分是引起热惯量变化的主要因素。然而，由于区域尺度热导率、体积密度以及比热容难以从遥感数据获取，在实际应用中并不是直接从上述公式估算土壤水分。利用热惯量法反演土壤水分通常包括两个关键步骤：一是基于热红外地表温度或者一段时间内温度变化估算热惯量；二是建立热惯量与土壤水分之间的关系模型来反演区域土壤水分。其中，如何从热红外数据获取热惯量是关键。

自 20 世纪 70 年代初以来，学者们已发展了多种方法来估算热惯量，这些方法包括基于温度日变化振幅的方法（Xue and Cracknell，1995）、基于昼夜温差的方法（Verhoef，2004）以及最小二乘法（Raffy and Becker，1985）。其中，基于温度日变化振幅的方法应用最为广泛。Xue and Cracknell（1995）通过引入地表温度日变化中获取的相位角信息，提出了一个简单实用的热惯量估算模型，但该方法需要最大地表温度出现的时刻作为输入参数，这对于极轨卫星来说很难获取。随后，Sobrino and El Kharraz（1999）利用不同的卫星过境时刻观测数据解决了这个问题。然而，它需要每天在几乎无云的情况下进行四次有效的地表温度观测。相较而言，最小二乘法利用一天内多个观测值拟合温度日变化，能够得到一天内任意时间段的温度变化，尤其适用于地球同步卫星。最小二乘法能够避免前述方法假设带来的误差，但也存在着收敛性和稳定性等方面的问题。

考虑到热惯量的准确获取存在客观的困难，在实际应用中，更多的研究常用表观热惯量代替热惯量。基于一维热传导方程与地表能量平衡原理，利用傅里叶级数变化形式求解热惯量，其表达式为：

$$TI = \frac{1-\alpha}{\Delta T} \times B \qquad (1.7)$$

式中，α 为地表反照率，ΔT 为温差，B 是与气象条件和地表状况有关的参数。

考虑到 B 参数难以从遥感直接获取，实际应用中通常舍去潜热蒸发项，上述公式中的热惯量则被简化为表观热惯量：

$$ATI = \frac{1-\alpha}{\Delta T} \qquad (1.8)$$

式中，ATI 为表观热惯量。

在基于遥感数据获取热惯量或表观热惯量之后，下一步是建立热惯量或表观热惯量与土壤水分之间的关系模型。目前，Ma and Xue（MX）模型、Murray and Verhoef（MV）模型以及经验模型是三种常用模型。MX 模型是关联热惯量与土壤重量含水量的半经验模型，需要已知容重来估算土壤体积含水量。类似地，MV 模型也需要土壤质地和容重。考虑到土壤质地的空间异质性，上述模型难以在区域尺度得到有效的应用。Lu et al.（2009，2018）对 MV 模型进行了改进，构建了一个通用的模型，降低了模型应用对土壤质地信息的依赖。相较而言，经验方法应用最为广泛，但它需要大量的地面土壤水分实测数据来构建其与热惯量之间的经验关系。

总的来说，热惯量法基于土壤的热特性，物理意义明确。在热惯量的基础上简化而来的表观热惯量计算简单，能够从遥感数据直接获取，已经被广泛用来估算土壤水分。然而，表观热惯量受蒸发影响较大，当蒸发明显时，表观热惯量通常会失效。因此，在表层土壤水分变化较大，或者有一定量的植被覆盖情况下，表观热惯量将不能使用。此外，目前热惯量或表观热惯量与土壤水分之间的关系模型仍然以传统的经验模型为主，而这些经验模型中的系数通常会随着土壤质地以及研究区的变化而变化，使得热惯量法在区域土壤水分反演中受到了极大的限制。

1.2.3 可见光 / 近红外与热红外协同方法

协同可见光 / 近红外与热红外遥感，同时获取地表反射与热辐射信息，有助于捕捉土壤水分及其时空变化特征信息，尤其是对于植被覆盖条件下的土壤水分反演十分有利。可见光 / 近红外与热红外遥感协同的土壤水分反演，一直是土壤水分遥感研究的热点。其中，基于热红外地表温度与可见光 / 近红外植被指数构建的三角形或梯形特征空间，以及基于该特征空间发展的各种指数，仍然在当前区域土壤水分反演中发挥着十分重要的作用。

自 20 世纪 80 年代开始，科学家们陆续发现了遥感地表温度与植被指数（或植被覆盖度）的散点呈现三角或者梯形形状，并称为"温度—植被指数"特征空间。Goward et al.（1985）的研究表明，基于"温度—植被指数"特征空间推导的温度随植被指数的变化率能够表征土壤表面水分阻抗。随后，Carlson and Buffum（1989）在 Goward et al.（1985）工作的基础上，利用一个一维边界层模型对"温度—植被指数"特征空间进行了深入探索，他们发现土壤水分的变化可以用特征空间中的一系列等值线来描述，而土壤水分则可以被表达成温度和植被指数的函数。在这之后，许多科学家从不同尺度的空间数据出发，证明了"温度—植被指数"具备表征土壤水分可利用率（M_0）的能力。基于"地表温度—植被指数"特征空间，大量学者发现地表温度与植被指数的斜率和土壤水分呈负相关关系，并强调了从"温度—植被指数"特征空间获取土壤水分信息的可行性（Goward et al.，2002）。其中，应用最广泛的当属在地表温度与归一化植被指数的斜率和土壤水分负相关关系的基础上发展的温度植被干旱指数 TVDI（Temperature Vegetation Dryness Index）。Sandholt et al.（2002）认为"温度—植被指数"特征空间中存在一系列的土壤水分等值线，这些等值线是不同水分条件下地表温度与归一化植被指数的斜率。图 1.2 为典型的三角形特征空间与梯形特征空间示意图。梯形特征空间至于三角形特征空间的区别在于前者假设植被在受水分胁迫条件下仍可从根层吸收土壤中的水分用于植被蒸腾。

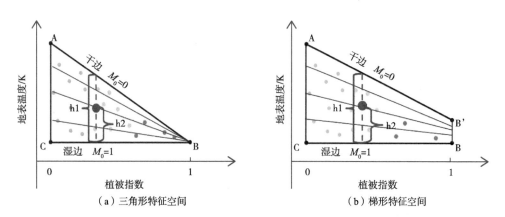

（a）三角形特征空间　　　　　　　　　（b）梯形特征空间

图 1.2　以植被指数为横轴、地表温度为纵轴的三角形特征空间（a）与梯形特征空间（b）示意图（见文后彩图）

注：h1 是目标像元对应的干边到湿边的长度，h2 为该像元到湿边的长度；蓝色线段表示土壤水分等值线。

基于三角形或梯形特征空间反演土壤水分一般分为两个步骤：一是从特征空间获得目标像元的土壤水分可利用率（M_0），二是将土壤水分可利用率转化成定量的土壤水分。在特征空间内，土壤水分可利用率 M_0 可表示为：

$$M_0 = (h1 - h2)/h1 \qquad (1.9)$$

由上述公式可知，传统"地表温度—植被覆盖度"特征空间方法中土壤水分可利用率在干边和湿边之间采用了一种线性插值的方式。除此之外，也有少数研究采用了多项式插值的方式计算 M_0（Carlson，2007；Zhang et al.，2014）。一个典型的三次多项式模型可以描述为：

$$M_0 = \sum_{i=0}^{3} \sum_{j=0}^{3} k_{ij} T^{*i} VI^{j} \qquad (1.10)$$

式中，k_{ij} 为系数，T^* 为归一化地表温度，VI 为植被指数。

由于特征空间一般假设湿边的土壤水分可利用率达到最大值1，其对应的土壤水分通常假设为田间持水量，而干边的土壤水分可利用率为最小值0，其对应的土壤水分可假设为凋萎系数，目标像元的土壤水分（θ）可以表示为：

$$\theta = M_0 \times (\theta_{fc} - \theta_{wp}) + \theta_{wp} \qquad (1.11)$$

式中，θ_{fc} 与 θ_{wp} 分别表示田间持水量与凋萎系数。

虽然特征空间方法理论相对成熟，简单易行，且能够从遥感数据上提取主要的信息，但是它对下垫面与气象条件要求较为严苛，即：土壤水分与植被覆盖存在较大的变化范围，且研究区气象条件均一。另外，目前特征空间干湿边的确定方法大多基于特征空间内部分像元的统计信息，通常具有较强的主观性。与其他大多数可见光/近红外以及热红外遥感土壤水分反演方法类似的是，特征空间方法直接获取的参数（M_0）仍然只是一种表征地表相对干湿状况的指标，它可以理解为土壤体积含水量与土壤质地参数的耦合结果，而不是被各应用领域直接所需的、定量的土壤水分（土壤体积含水量）。一般来说，将遥感直接反演的参数 M_0 转换为定量的土壤水分，还需要已知田间持水量与凋萎系数等土壤水力特征参数，或者通过大量的地面土壤水分实测数据建立其与遥感直接获取的 M_0 之间的统计关系。

上述可见光 / 近红外与热红外协同的土壤水分遥感反演方法主要是利用极轨卫星数据的光谱与空间信息，一天中（白天）只能接收到至多 1~2 次的有效观测数据，而静止气象卫星具有较高时间分辨率，能够以固定的观测角度对地面目标一天内进行多次观测。因此，静止气象卫星不仅能够像极轨卫星那样获取瞬时地表参数，而且能够提供地表参数的时间变化信息，为发展基于遥感时间信息的土壤水分反演方法提供了契机。近年来，一些学者尝试利用静止气象卫星数据的时间信息开展土壤水分遥感反演研究，提出了多时相可见光 / 近红外与热红外协同的土壤水分遥感反演方法。在 Wetzel et al.（1984，1987）研究的基础上，Zhao and Li（2013）基于模拟数据的分析，提出了利用上午地表温度与地表短波净辐射线性关系的斜率以及白天最高地表温度出现的时刻这两个时间信息参数反演裸土表层土壤水分的方法。图 1.3 为地表温度日变化以及白天地表温度与地表短波净辐射散点随时间变化的轨迹。

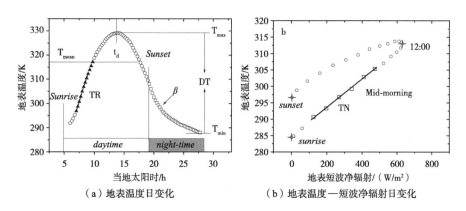

（a）地表温度日变化　　　　（b）地表温度—短波净辐射日变化

图 1.3　地表温度日变化（a）与地表温度—短波净辐射日变化（b）示意图

Zhao and Li（2013）提出的土壤水分反演模型可以表示为：

$$\theta = m_1 \times TN + m_2 \times t_d + m_0 \qquad (1.12)$$

式中，TN 是上午地表温度与地表短波净辐射线性关系的斜率，t_d 是白天地表温度达到最大的时刻，m_0、m_1 和 m_2 是每天的模型系数，由当天气象条件决定。

1.2.4 被动微波方法

相比于可见光 / 近红外与热红外遥感，被动微波反演土壤水分的优势体现在两个方面：一是由于干土和水的介电常数差异显著，微波辐射计通过星上亮温获取的土壤介电常数对土壤水分敏感性极高；二是微波具有一定的穿透性，可以在云雨天气获取地表信息。目前，被动微波遥感已成为监测大尺度土壤水分的主要手段，国内外学者在被动微波土壤水分反演方面也开展了大量研究。现有被动微波土壤水分反演方法主要可分为统计方法、物理方法和机器学习方法。

统计方法也称为回归方法，是对一系列观测数据进行统计分析，建立土壤水分与微波观测亮温之间的经验关系。其优点在于方法简单易用，实际操作性强，但其缺乏物理基础，难以很好地解释地表辐射的发射机理。因此，这类方法具有区域依赖性，普适性较低。在裸土表面，统计方法就是建立简单的微波地表比辐射率 ε_s 与土壤水分 θ 的回归关系：

$$\varepsilon_s = \alpha_0 - \alpha_1 \times \theta \qquad (1.13)$$

式中，α_0 和 α_1 为系数，通常需要大量的地表实测数据来进行率定。在实际应用中，ε_s 也可以用被动微波星上亮温与地表温度的比值进行近似。

在微波地表比辐射率的基础上，一些学者也利用微波辐射计观测的亮温，构建不同形式的微波指数，并建立微波指数与土壤水分之间的联系，最终实现对土壤水分时空变化的描述。研究表明，当传感器观测角超过 30° 时，裸露地表存在很大的极化差异，且极化差异随着土壤水分的增加而变大。因此，微波极化差值 PD（Polarization Difference）和微波极化差异指数 MPDI（Microwave Polarization Difference Index）也通常被用来表征裸露地表的土壤水分变化（Meesters et al., 2005；Owe et al., 2001）。

针对地表有植被覆盖的情形，在经验方法中，通常需要针对不同地表类型分别建立被动微波星上亮温与土壤水分的回归关系（Teng et al.，1993）。其中，回归关系的斜率和截距通常表示为地表类型的函数，可以利用辅助数据求得。Theis et al.（1984）最早用植被指数描述了植被对不同地表类型被动微波亮温与土壤水分回归关系的影响。Paloscia et al.（2001）针对不同植被覆盖情况，建立了适用于不同植被覆盖条件的土壤水分与微波极化差异指数关系模型，实现了对土壤水分的估算。除此之外，学者们还提出了其他指数来表征土壤水分。这些常用的指数主要包括前期降水指数 API（Antecedented Precipitation Index）和地表湿度指数 SWI（Surface Wetness Index）等（Teng et al.，1993；Lacava et al.，2010；Mallick et al.，2009）。

在被动微波遥感中，根据 Plank 定律的 Rayleigh-Jeans 近似公式，被动微波星上亮温主要来自大气层，植被层和土壤层的贡献。图 1.4 是一个简化的被动微波辐射传输过程示意图。

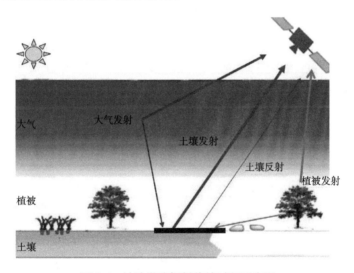

图 1.4　被动微波辐射传输过程示意图

对于裸露地表，星上亮温的贡献主要由以下四个方面组成：（a）土壤发射辐射；（b）大气上行辐射；（c）地面对大气下行辐射的反射辐射；（d）地面对宇宙背景辐射的反射辐射。因此，裸露地表的微波辐射传输方程可以表示为：

$$T_{bp} = T_s \varepsilon_{sp} \Gamma_a + T_u + T_d (1-\varepsilon_{sp}) \Gamma_a + T_{sky}(1-\varepsilon_{sp}) \Gamma_a \quad (1.14)$$

式中，p 代表不同的极化，包括水平极化 h 和垂直极化 v；T_b 为星上亮温；T_s 为地表温度；ε_s 是土壤发射率；Γ_a 是大气透过率；T_u 是大气上行辐射亮温；T_d 是大气下行辐射亮温；T_{sky} 是宇宙背景辐射亮温，一般情况 $T_{sky} = 2.725\ K$。

被动微波辐射传输方程中土壤层的贡献主要通过土壤发射率 ε_s 来体现。根据 Fresnel 方程，光滑地表反射率 γ_p 可以表示为：

$$\gamma_v = \left| \frac{\varepsilon_r \cos\alpha - \sqrt{\varepsilon_r - \sin^2\alpha}}{\varepsilon_r \cos\alpha + \sqrt{\varepsilon_r - \sin^2\alpha}} \right|^2$$
$$\gamma_h = \left| \frac{\cos\alpha - \sqrt{\varepsilon_r - \sin^2\alpha}}{\cos\alpha + \sqrt{\varepsilon_r - \sin^2\alpha}} \right|^2 \quad (1.15)$$

式中，α 为地表入射角；ε_r 为复介电常数。

然而，实际应用中地表通常为粗糙地表。目前，常用来描述粗糙地表辐射的半经验模型为 Q/H 模型，该模型通过引入 Q 和 H 两个参数，建立粗糙表面与光滑表面反射率之间的关系（Wang and Choudhury，1981）：

$$R_v = \left[(1-Q)\gamma_v + Q\gamma_h \right] H$$
$$R_h = \left[(1-Q)\gamma_h + Q\gamma_v \right] H \quad (1.16)$$

式中，R_p 为粗糙地表的反射率；Q 是极化混合参数，H 与地表均方根高度 σ，波长 λ 和地表入射角 α 有关，最常见的形式如下：

$$H = \exp\left[-\left(\frac{4\pi\sigma}{\lambda} \cos\alpha \right)^2 \right] \quad (1.17)$$

在不考虑辐射透射的情况下，土壤表面发射率 ε_{sp} 可以表示为：

$$\varepsilon_{sp} = 1 - R_p \quad (1.18)$$

被动微波遥感中，一般认为大气层为无散射媒介。大气层的吸收和发射主要由大气的透过率和大气上下行辐射体现。Γ_a 与地表入射角 α、大气中的氧气、水汽和液态水的含量有关（Liebe，1985）。对于大气影响较小的低频波段或大气窗口波段，大气上行和下行辐射亮温（T_u 和 T_d）可以表示为：

$$T_u \cong T_d \cong T_{ae}(1 - \Gamma_a) \qquad (1.19)$$

式中，T_{ae} 是大气等效温度，与微波频率、大气温度、湿度以及液态水的垂直分布有关。

在低于 37 GHz 的波段，大气温度垂直分布的变化对 T_{ae} 的影响较小，因此，T_{ae} 可以简单表示为地表空气温度 T_{as} 和残差 δT_a 的函数（Kerr et al.，2012）：

$$T_{ae} \cong T_{as} - \delta T_a \qquad (1.20)$$

式中，δT_a 可以由模型计算或者是大气数据获取。

现有研究表明大气对被动微波星上亮温的影响将随着频率的增大而增大，因此，在微波土壤水分反演中假设大气效应可完全忽略会对反演结果带来一定的误差（Han et al.，2017）。

当土壤表面有植被覆盖时，植被层将削减土壤的微波辐射，与此同时，总的辐射能中增加了植被辐射。植被层一般被认为是位于粗糙土壤表面以上的一个单次散射层，Mo et al.（1982）提出的 τ-ω 模型在辐射传输方程中用植被的光学厚度 τ_v 和单次散射反照率 ω 两个参数来表征植被的衰减属性及其在植被冠层的散射效果。对于植被覆盖表面，星上亮温的贡献主要由以下六个方面组成：土壤发射辐射、植被直接发射辐射、地表对植被的反射辐射、大气上行辐射、地面对大气下行辐射的反射辐射、地面对宇宙背景辐射的反射辐射；微波辐射传输方程可以表示为：

$$
\begin{aligned}
T_{bp} = {} & T_s \varepsilon_{sp} \Gamma_v \Gamma_a + T_s (1-\omega)(1-\Gamma_v) \Gamma_a + T_s (1-\omega)(1-\Gamma_v)(1-\varepsilon_{sp}) \Gamma_v \Gamma_a \\
& + T_u + T_d (1-\varepsilon_{sp}) \Gamma_v^2 \Gamma_a + T_{sky} (1-\varepsilon_{sp}) \Gamma_v^2 \Gamma_a
\end{aligned}
\qquad (1.21)
$$

式中，$\Gamma_v = \exp(\tau_v)$ 为植被透过率；τ_v 为植被光学厚度，与极化无关，一般表示为植被含水量 w_c 的函数。

　　基于被动微波的物理反演即利用上述被动微波辐射传输模型，建立传感器观测亮温与土壤水分、地表温度等参数之间的非线性方程组，最终求解土壤水分（Karthikeyan et al.，2017）。这类方法具有明确的物理基础，算法本身通常较为复杂，涉及较多参数（如表面粗糙度、植被光学厚度等）。根据可反演参数数量划分，可以将被动微波土壤水分物理反演方法分为单参数反演法和多参数反演法。除此之外，机器学习法也越来越多地被引入被动微波土壤水分反演。

　　第一代被动微波土壤水分反演算法均基于单频率双极化的传感器，只反演土壤水分一个未知数（Wang et al.，1990）。该类方法基于被动微波辐射传输方程，已知地表温度、植被光学厚度和地表粗糙度，利用最小二乘法求解土壤水分。辐射传输方程中地表温度一般借助于热红外遥感或者被动微波高频通道获取（Han et al.，2018；Holmes et al.，2009）。此外，植被对土壤水分反演的影响通常利用可见光/近红外遥感中的植被指数来进行估算。地表粗糙度则一般用均方根高度来表示，在大尺度研究中可以设定为常数（Choudhury et al.，1979）。总的来说，单参数反演方法需要利用可见光/近红外与热红外遥感估算的地表参数作为已知量，因此，通常也称为被动微波与可见光/近红外以及红外遥感协同反演方法。

　　相比于早期的单频率双极化被动微波传感器，多频率多极化传感器的发展为多个地表参数同时反演提供了可能。多参数反演方法利用多通道的微波观测数据同步反演多个地表参数。其中，最为常见的情形是同步反演土壤水分与植被光学厚度（Owe et al.，2001，2008；Pan et al.，2014；Wigneron et al.，2000）。这类方法不再依赖通过可见光/近红外植被指数估算的植被光学厚度作为输入，一定程度上避免了误差的传递，有利于反演精度的提高。同时，相比于单通道算法，观测通道的增加能够有效降低反演的不确定性。Njoku and Li（1999）曾尝试同时反演土壤水分、植被光学厚度和地表温度，以进一步削弱被动微波土壤水分反演对地表温度的依赖。近年来，一些学者也尝试了土壤水分、植被光学厚度、地表粗糙度和植被单次散射反照率的同时反演，并取得了较理想的成果（Karthikeyan et al.，2019；Konings et al.，2016；Parrens et al.，2016）。值得注意的是，不同频率的被动微波通道大气效应也不同，因此，多通道同步反演地表参数需要考虑大气的影响。此外，不同频率的被动微波信号穿透性能不同，因此，同步反演的地表参数的物理意义仍有待深入研究。

随着人工智能的快速兴起和发展，机器学习方法也被广泛应用于土壤水分微波遥感反演中（Ali et al., 2015；Fang et al., 2019；Mao et al., 2019）。人工神经网络是一种自组织性的机器学习法，它具有很强的非线性模拟能力，从理论上可以无限逼近任意复杂的非线性关系，非常适合解决土壤水分与微波亮温之间的非线性问题。人工神经网络的实现通常借助于正向模型生成大量的地表参数—微波亮温数据集，然后利用该网络进行学习训练，在此基础上开展土壤水分以及其他参数的反演。由于神经网络的训练过程不需要理解任何参数与被动微波亮温之间的物理关系，因此，其实现过程非常简单，计算效率也很高。然而，反演成功与否在很大程度上受到训练样本及其分布的影响。

1.2.5　主动微波方法

主动微波，尤其是合成孔径雷达 SAR（Synthetic Aperture Radar），不受光照条件、云雨的限制，能够全天时、全天候工作，且具有一定的穿透能力，同时具备较高的空间分辨率，这些优势使得 SAR 在反演土壤水分方面具有比可见光 / 近红外、热红外以及和被动微波遥感更大的优势。与被动微波土壤水分反演一致的是，利用 SAR 反演土壤水分的理论基础仍然是土壤介电特性与土壤水分之间明确的物理关联。近几十年来，世界上多个国家或组织相继发射了多颗雷达卫星，覆盖了从 X（5.75~10.9 GHz）、C（3.9~5.75 GHz）到 L（0.39~1.55 GHz）多个波段。其中，部分雷达可以进行全极化成像。目前，应用较为广泛的包括：德国的 Terra SAR（X 波段，全极化），欧洲空间局的 Sentinel-1A 和 Sentinel-B（C 波段，双极化），加拿大的 RADARSAT-2（C 波段，全极化）和 Radarsat Constellation Mission（3 颗卫星组成星座，C 波段，全极化），日本的 ALOS-2（L 波段，全极化），以及阿根廷的 SAOCOM 1A（L 波段，全极化）。这些 SAR 卫星的成功发射，极大地促进了 SAR 土壤水分反演的研究。于 2016 年 8 月发射的高分 3 号 SAR 卫星，是我国首颗分辨率达到 1 m 的 C 波段 SAR 成像卫星，基于高分 3 号 SAR 卫星数据的土壤水反演研究也陆续得以开展（Meng et al.，2018；Zhang et al.，2018）。SAR 获取的后向散射系数主要受土壤水分、地表粗糙度、植被、地形等因素影响。根据地表覆盖的不同，可以将 SAR 土壤水分反演按照裸土区和植被区进行划分。

基于 SAR 的裸土区土壤水反演主要是利用获取的地表后向散射系数，并建立其与土壤水分之间的关系。裸土区 SAR 土壤水分反演主要包括经验法、理论模型法和半经验法。

经验法多是通过建立研究区的实测后向散射系数与土壤水分的线性或非线性关系，实现研究区内的土壤水分反演。如 Dobson and Ulaby（1986）建立了后向散射系数与土壤水分的线性关系，并指出线性关系斜率主要受地表粗糙度影响，而截距则受地表纹理结构影响。Zribi et al.（2005）提出了对多角度的后向散射系数进行归一化的思路，降低了地表粗糙度对土壤水分与后向散射系数线性关系的影响。Baghdadi et al.（2011）利用干湿季的 TerraSAR 数据，假定两个时期的土壤粗糙度不变，建立了后向散射系数变化值与土壤水分的线性关系。一般来说，经验法能够很好地描述所在研究区土壤水分与后向散射系数之间的关系。然而，经验关系的构建需要大量的土壤水分实测数据，且经验关系很难直接应用到其他区域。此外，由于忽略了粗糙度及其变化的影响，经验法的反演精度仍然有进一步提升的空间。

自 20 世纪 60 年代以来，不同学者发展了多种微波散射与辐射模型，其中被广泛应用的有基尔霍夫模型，物理光学模型、几何光学模型、小扰动模型等。这些模型分别适用于不同的粗糙度地表，而它们之间没有平稳地过渡（Ulaby et al.，1982）。Fung et al.（1992）基于微波辐射传输方程提出了积分方程模型 IEM（Integrated Equation Model）。在此基础上，不同学者不断对 IEM 模型进行完善，发展了高级积分方程模型 AIEM（Advanced IEM）（Chen et al.，2000；Fung and Chen，2004，2010；Wu et al.，2004）。最新的 AIEM 具备完整刻画从较光滑表面到粗糙表面散射特征的能力，能够模拟包括更宽范围的介电常数、粗糙度和频率等参数条件下的地表后向散射特征，是目前应用最为广泛的微波后向散射理论模型。考虑到理论模型参数众多，应用理论模型进行裸土区土壤水分反演，查找表法和最小化代价函数法是求解复杂的理论模型进而获取土壤水分的常用手段。Rahman et al.（2007）利用旱季的雷达影像得到表面相关长度，然后基于 AIEM 模型和查找表法反演了土壤水分。Wang et al.（2011）和 Van der Velde et al.（2012）利用多角度雷达数据计算粗糙度，然后基于 AIEM 模型，通过最小化代价函数反演了土壤水分。最近，Mirsoleimani et al.（2019）和 Ezzahar et al.（2020）基于最优相关长度和 AIEM 模型，实现了裸土土壤水分的高精度反演。虽然理论模型包含了众多输入参数，但部分参数可根据经验设定，从而提供了一种在无法通过观测获得足够辅助参数的条件下估算土壤水分的有效途径。然而，由于地表的复杂性，已有部分学者指出 AIEM 的模拟与实测之间存在着较大差别并提出了解决方案（Baghdadi et al.，2011）。

相对过于简单的经验法和过于复杂的理论模型法，半经验法由于其具有一定的物理机制，又与实际情况密切相关而被广泛应用于土壤水分反演。其中较为常用的包括 Dubois 模型、Oh 模型和 Shi 模型。Dubois et al.（1995）和 Oh et al.（1992）分别根据不同波段、不同极化下的实测雷达后向散射建立了后向散射模型，将这些后向散射模型进行联立，便可求解得到土壤水分。需要指出的是，Oh 模型中模型参数是直接的土壤水分，而 Dubois 模型中则是土壤介电常数，需进一步结合介电常数模型和土壤质地信息得到土壤水分。在无实测数据支持下，Oh 模型可利用全极化 SAR 数据实现土壤水分和粗糙度参数的同时反演，而 Dubois 模型仅利用 VV 和 HH 同极化 SAR 数据即可反演土壤水分。总的来说，Dubois 模型和 Oh 模型都能取得较好的土壤水分反演结果（Panciera et al.，2014；Choker et al.，2017；Singh et al.，2020）。然而，由于实测数据的不足，这些模型通常只适用于特定范围，而在超出模型适用范围的地区往往造成很大的反演误差（Baghdadi et al.，2011）。考虑到这两个模型各自的优缺点，Capodici et al.（2013）将二者进行耦合，提出了一种新的 SEC（Semi-Empirical Coupled）模型，并成功反演了土壤水分。与 Dubois 模型和 Oh 模型不同的是，Shi

模型的构建源自理论模型模拟数据。Shi et al.（1997）基于 IEM 模型建立了 L 波段不同极化组合后向散射系数与介电常数以及地表粗糙度功率谱之间的半经验模型，从而克服了对实测数据的依赖，具有一定的普适性。然而，Shi 模型仅探讨了 L 波段下同极化的后向散射特征，而未涉及其他波段。总的来说，尽管半经验模型适用范围有限，但其为缺乏实测数据条件下进行土壤水分反演提供了一种有效的解决方案。

在植被区，植被的介电常数和形态结构对微波信号影响很大，使得土壤水分反演更加困难。不同波段的 SAR 对植被的穿透力不同，随着波长越长，其穿透力越强。总的来说，X 波段穿透力最弱，而 P 波段穿透力最强，但目前尚未有星载 P 波段 SAR 在轨运行，故当前大多数是采用 C 或者 L 波段雷达数据开展植被区土壤水分反演。植被区 SAR 土壤水分反演主要包括理论模型法、变化检测法和神经网络法。

当前应用最为广泛的植被后向散射模型包括水云模型和 MIMICS 模型。Attema and Ulaby（1978）将植被后向散射分为冠层直接后向散射和经双层衰减的地表后向散射，提出了针对低矮农作物水云模型。其中，植被对后向散射系数的影响主要通过植被含水量来描述。水云模型以其简洁的表达式和灵活的植被类型参数化方案赢得了广泛的使用，是目前应用最为广泛和成功的植被后向散射模型。水云模型中的植被含水量参数，可由可见光 / 近红外数据获取的植被指数来进行估算（Bai et al.，2017；Bao et al.，2018）。由于水云模型中的系数随植被类型变化，Bindlish and Barros（2001）对水云模型中的参数利用实测数据进行了率定，并提供了小麦等地表覆盖下的水云模型参数。最近，Bousbih et al.（2018）基于水云模型，利用高时空分辨率的 Sentinel-1 和 Sentinel-2 数据反演了土壤水分并据此进行了灌溉面积制图。Zribi（2019）基于水云模型和 L 波段的 ALOS-2 数据，实现了热带浓密农作物区的土壤水分反演。与针对低矮农作物的水云模型的相比，MIMICS 模型关注的是高大森林。Ulaby et al.（1990）将植被覆盖地表分为三个部分：冠层、茎叶层和下垫面，总的散射则被分为了五个部分。在 MIMICS 模型中，植被对后向散射的影响更加复杂，植被的茎秆、枝干、叶片的大小及含水量以及叶片叶倾角分布等诸多因素都影响着雷达的后向散射。以 MIMICS 模型的最新版本 1.5 为例，其模型参数达到了 32 个。因此，大量研究聚焦在 MIMICS 模型的简化以及基于 MIMICS 模型模拟数据构建半经验模型，进而更方便地反演土壤水分（Toure et al.，1994；Song et al.，2014）。

　　由于雷达后向散射对地表粗糙度较为敏感，粗糙度的不确定性制约着土壤水分的反演精度的提升。假设粗糙度在一段时间内不变，那么影响后向散射系数变化的因素可以简化为土壤水分（Pathe et al.，2009），这便是变化检测法土壤水分反演的原理。利用变化检测法，欧洲气象卫星应用组织 EUMETSAT（European Organization for the Exploitation of Meteorological Satellites）基于 ASCAT 数据，生产了全球每天 25 km 分辨率的土壤水分指数产品。Bauer-Marschallinger et al.（2019）基于角度归一化的 Sentinel-1 SAR 数据，生产了欧洲每天 1 km 分辨率的土壤水分指数产品。变化检测法原理简单，但是应用该方法需要大量具有同样观测几何的雷达数据，一定程度上降低了其实用性。另外，变化检测法中粗糙度不变是建立在理想状况基础之上的假设。事实上，耕作、侵蚀、干旱等均能改变地表粗糙度，从而影响土壤水分反演结果。需要指出的是，变化检测法反演的是土壤水分指数，而非绝对的土壤体积含水量。一般来说，土壤水分指数到土壤体积含水量的转换需要土壤质地等地面辅助信息。

　　由于电磁波与地表相互作用的复杂性，雷达后向散射系数除了受到土壤介电常数的影响外，还受到地表粗糙度、植被相关参数的影响。基于雷达反演土壤水分在本质上属于"病态反演"问题，雷达后向散射系数和土壤水分之间的非线性关系必然存在着不确定性。与被动微波土壤水分反演的机器学习法类似的是，人工神经网络以其强大的非线性模拟能力，常被用于 SAR 土壤水分反演。人工神经网络经过恰当的样本训练，尤其适合近实时土壤水分的业务化反演。Paloscia et al.（2008）对比了基于前向模型的迭代优化、基于贝叶斯理论的统计和人工神经网络的土壤水雷达遥感反演算法，结果表明基于人工神经网络的土壤水反演精度与基于前向模型的迭代优化法大致相当，但耗时较少，运算更高效。Ali et al.（2015）系统总结了应用人工神经网络等机器学习方法开展土壤水分的研究进展。El

Hajj et al.（2017）利用人工神经网络，基于 Sentinel-1 和 Sentinel-2 数据实现了高时空分辨率的土壤水分反演。El Hajj et al.（2019）对比了基于人工神经网络的 C 波段 Sentinel-1 数据和 L 波段的 ALOS-2 反演土壤水分的精度。总的来说，人工神经网络能够高效地实现大范围的土壤水分反演，但反演精度受到人工神经网络训练效能的制约，训练样本的选择对于土壤水反演是一个至关重要的因素。

1.2.6　主被动微波协同方法

虽然主动微波与被动微波反演土壤水分均利用了土壤介电特性与土壤水分之间的关系，但无论在时空分辨率，还是在数据体量与处理方式都存在显著差异。一般来说，主动微波空间分辨率高，但数据重访期长、数据量大、处理复杂，而被动微波空间分辨率粗，但数据重访周期短、数据量小、处理简单。为了最大化利用主被动微波的优势，开展基于主被动微波协同的土壤水分反演成了研究热点之一。目前，基于主被动微波协同的土壤水分反演方法主要分为物理方法和统计方法。

主被动微波协同的土壤水分物理反演方法中，主动微波后向散射系数与被动微波的亮度温度同为两个输入参量，共同作用于土壤水分反演。O'Neill et al.（1996）和 Chauhan（1997）分别进行离散的植被散射模型和裸土 Bragg 散射模型的算法推导，构建了基于主动微波的作物冠层透过率和单次散射反照率与地表粗糙度的估算算法，并结合被动微波一阶辐射传输模型，实现了 L 波段 PLMR 被动微波亮温数据和 L/C 波段 AirSAR 雷达数据的作物区土壤水分反演，为后续主被动微波数据协同反演土壤水分奠定了理论基础。随后，Lee and Anagnostu（2004）基于 TRMM 卫星被动微波成像仪 10.7 GHz 亮度温度与 TRMM 卫星降雨雷达后向散射强度数据，通过耦合主动微波的水云模型与被动微波的一阶微波辐射传输模型（$\tau\text{-}\omega$ 模型），建立了针对主动微波后向散射系数和被动微波亮度温度模拟的前向模型，利用迭代算法同时反演了土壤水分和叶面积指数。该方法将后向散射系数与亮度温度作为输入参数，增加了模型参数信息量，有利于迭代过程中反演算法的收敛。然而，该方法未充分考虑主被动微波空间分辨率的差异，而且需要土壤水分实测数据进行参数率定。近年来，有学者陆续研究了雷达后向散射系数与微波发射率的关系，为基于主被动微波协同反演土壤水分提供了新的思路（Guerriero et al., 2016；Jagdhuber et al., 2019）。

相比于土壤水分的主被动微波协同反演，目前更多的研究似乎聚焦在利用主动微波对被动微波粗分辨率土壤水分反演结果进行空间降尺度，以期获得高空间分辨率土壤水分。尽管降尺度方法是目前的研究热点，但降尺度方法并不属于遥感反演的范畴，而是一种数据转换上的技巧。因此，本书不对其展开更多论述。

1.3　存在的主要问题

客观来说，相比于光学（包括可见光 / 近红外与热红外）遥感，基于微波的土壤水分反演研究仍然是当前的热点，这从诸多区域乃至全球长时序业务化微波土壤水分产品的研发及应用便可见一斑。然而，当前常用的被动微波土壤水分产品的空间分辨率较低（约 25 km），难以直接应用到田间、流域乃至区域尺度上。主动微波虽然具有较高的空间分辨率，但其幅宽通常较窄且时间分辨率较低，无法满足大区域、高频次土壤水分监测需求。相较而言，光学（包括可见光 / 近红外与热红外）遥感数据具有较高空间分辨率和多种时间分辨率，能够很好地直接满足与人类生活生产密切相关的水文、气象、农业等诸多应用领域对土壤水分数据空间与时间分辨率的需求。因此，尽管微波遥感在目前的土壤水分反演中扮演着主角的角色，但土壤水分光学遥感反演研究理应得到更多的关注，这也是笔者团队一直以来开展研究的动力与期望。

目前，国内外并没有公开发布基于光学遥感的长时序土壤水分科学数据产品，究其原因，主要存在以下三个技术瓶颈：一是常用的土壤水分光学遥感反演模型通常包含较为严苛、主观的模型假设与应用约束条件，只适用于较小地理空间尺度，大范围应用较为困难；二是光学遥感直接获取的实际上是包含了土壤体积含水量与土壤质地的耦合信息，从这个耦合信息中分离出土壤体积含水量困难；三是受制于短波遥感易受云影响这一固有特性，光学遥感在有云条件下无法获取地面有效观测数据，土壤水分时空连续监测困难。

　　针对上述土壤水分光学遥感反演存在的瓶颈问题，笔者及课题组成员持续开展研究，尤其是通过创新反演思维、引入新型遥感信息，为上述瓶颈问题的解决提供了可行的方案。本书即是笔者及课题组成员十余年以来相关研究成果的总结。同时，本书对土壤水分遥感反演研究的发展趋势进行了展望，以期未来能够在土壤水分遥感反演领域取得更大的突破。

第 2 章　相关基本概念与理论

2.1　土壤水分相关概念

2.1.1　土壤水分

土壤水分指吸附于土壤颗粒和存在于土壤孔隙中的水分，其物理意义与单位形式多样，常见的包括体积含水量、质量含水量、相对湿度等。

体积含水量（θ_v）指土壤中水所占的体积（V_w）与土壤容积（V）的比值，其表达式为：

$$\theta_v = \frac{V_w}{V} \tag{2.1}$$

值得注意的是，体积含水量消除了土壤中三相介质密度的差异，能够更加直观地反映土壤水分的存在状况，因此，在实践中得到了最为广泛的应用。土壤的体积含水量也是遥感反演的目标，其单位一般为 cm^3/cm^3 或 m^3/m^3。

质量含水量（θ_m）也称为重量含水量，是指土壤中所含水的质量（m_w）

与干土质量（m_s）的比值，可以表示为：

$$\theta_m = \frac{m_w}{m_s} \qquad (2.2)$$

通常，土壤的质量含水量与体积含水量之间可以通过土壤容重（ρ_b）与水的密度（ρ_w）进行转换，它们之间的转换公式为：

$$\theta_v = \frac{\rho_b}{\rho_w}\theta_m \qquad (2.3)$$

土壤相对湿度（θ_R）可以表示为土壤体积含水量（θ_v）与田间持水量（θ_{fc}）的比值：

$$\theta_R = \frac{\theta_v}{\theta_{fc}} \qquad (2.4)$$

需要指出的是，在农业实践中常用的土壤墒情实际上指的是影响作物生育的土壤水分条件。与其对应的土壤墒情等级，一般指农田土壤水分条件对作物不同生育阶段水分需求的满足程度。按照中华人民共和国农业行业标准《耕地土壤墒情遥感监测规范》，耕地土壤墒情可以划分为 5 个等级：湿润（1 级墒情）、正常（2 级墒情）、轻旱（3 级墒情）、中旱（4 级墒情）和重旱（5 级墒情）。表 2.1 显示了上述农业行业标准中耕地土壤墒情等级划分。由此可见，土壤墒情实际上指的是土壤相对湿度处于的某一个范围，并不是一个定量的、确定的数值。也就是说，不同的土壤相对湿度有可能其土壤墒情等级一致。

表 2.1　耕地土壤墒情等级划分表

土壤墒情等级	土壤相对湿度 /%	土壤墒情对作物影响程度
湿润（1 级）	[80, 100]	适宜作物生长，地表湿润、无旱象
正常（2 级）	[60, 80]	适宜作物生长，地表正常、无旱象
轻旱（3 级）	[50, 60]	作物生长发育受到较轻微程度影响，地表蒸发量较小，近地表空气干燥

表2.1　（续）

土壤墒情等级	土壤相对湿度/%	土壤墒情对作物影响程度
中旱（4级）	[40, 50]	作物生长发育受到较大程度影响，能够导致减产，土壤表面干燥，作物叶片有萎蔫现象
重旱（5级）	[0, 40]	作物生长发育受到阻碍，能够导致作物绝收，土壤出现较厚的干土层，作物叶片萎蔫或干枯，果实脱落

2.1.2　土壤水力特征参数

土壤水力特征参数是土壤重要的物理性质。理论上，土壤水力特征参数的测定需要在田间通过实验方法来获取。与土壤水分遥感相关的土壤水力特征参数包括残余含水量、凋萎系数、田间持水量与饱和含水量等。当土壤中的水分随着吸力的增加而降低到一定值时，且在土壤水分达到某个临界值的时候，土壤水分不再随着外部压力的增加而发生明显的变化，该临界值即为残余含水量；凋萎系数是指生长在湿润土壤上的作物经过长期的干旱后，因吸水不足以补偿蒸腾消耗而叶片萎蔫时的土壤含水量。值得注意的是，凋萎系数是一个理想化的概念，很难被准确测定；田间持水量原来的含义是指在地下水埋藏较深，排水良好的土壤在充分灌溉或者降水之后，允许水分充分下渗，并防止蒸发，经过几天时间，土壤剖面能够保持的较稳定的土壤含水量。一般来说，田间持水量被认为是土壤能够稳定保持的最高土壤水分含量，也是对作物有效的最高的土壤水含量。与凋萎系数一样，田间持水量也是一个理想化的概念；土壤饱和含水量指在自然条件下，土壤颗粒间所有孔隙都充满水时的含水量，反映了土壤的孔隙状况和最大的持水容量。

尽管上述土壤水力特征参数在田间难以测定，越来越多学者在对土壤水分运动理论的深入研究基础上，发展了诸多土壤转换函数方程PTF（Pedo-transfer functions）来建立相对容易获取的土壤属性（土壤质地、有机质含量等）与土壤水力特征参数之间的联系，进而估算土壤水分水力特征参数。需要指出的是，当前绝大多数PTF是实验室观测基础上建立的。

考虑到土壤属性的空间异质性、时间变异性以及实验室土壤样本观测与实际应用的尺度效应等，通常需要对PTF进行校正或率定以获得更能满足实际应用需求的像元尺度或格网土壤水力特征参数。

土壤质地是土壤的主要物理性质之一，指土壤中不同大小直径的矿物颗粒的组合状况。目前，国际上有多种土壤质地分类标准，且不同的分类标准对矿物颗粒大小划分各不相同。本书在研究中主要采用联合国粮食及农业组织（Food and Agriculture Organization of the United Nations，FAO）定义的土壤质地分类（表2.2）。

表2.2 FAO土壤质地分类

序号	砂土/%	粉土/%	黏土/%	土壤质地
1	92	5	3	砂土
2	82	12	6	壤质砂土
3	58	32	10	砂质壤土
4	17	70	13	粉质壤土
5	10	85	5	粉土
6	43	39	18	壤土
7	58	15	27	砂质黏壤土
8	10	56	34	粉质黏壤土
9	32	34	34	黏壤土
10	52	6	42	砂质黏土
11	6	47	47	粉质黏土
12	22	20	58	黏土

2.2 土壤水分遥感相关概念与理论

光学遥感

光学遥感通常有两种定义：一是狭义的光学遥感，主要指传感器工作波段仅限于可见光波段范围（0.38~0.76 μm）的遥感技术；二是广义的光学遥感，可表示整个可见光—近红外—热红外波段范围的遥感技术。本书所指的光学遥感是指广义的光学遥感。

微波遥感

微波遥感主要指传感器工作波段在微波波段（1~1 000 mm）的遥感技术。根据微波工作方式，通常可以分为主动微波遥感与被动微波遥感。

黑体

黑体是一个理想化的物体，它能够吸收外来的全部电磁辐射，并且不会有任何的反射与透射。实际上，自然界中并不存在黑体，遥感科学中引入黑体的概念是将它作为研究热辐射的基准。

亮度温度

物体的亮度温度（简称亮温，用 T_b 表示），指在同一波长处，与光谱辐射亮度相同的黑体的温度，可以表示为：

$$T_b(\lambda,\ \theta) = B_\lambda^{-1}[\varepsilon_\lambda(\theta) \cdot B_\lambda(T_s)] \qquad (2.5)$$

式中，$T_b(\lambda,\ \theta)$ 为某一观测方向上物体的亮度温度；$B_\lambda^{-1}(x)$ 为普朗克函数的反函数；$\varepsilon_\lambda(\theta)$ 为该观测方向上物体的发射率；$B_\lambda(x)$ 为普朗克函数；T_s 为物体真实温度。由于 $\varepsilon_\lambda(\theta)$ 是总小于 1 的正数，因此，实际物体的亮度温度总小于它的真实温度。物体的波谱发射率偏离 1 越远，则其亮度温度偏离真实温度就越大；反之，发射率越接近于 1，那么亮度温度就越接近于真实温度。在实际测量中，被测物体的真实温度通常是一确定的值。这样，在某一观测方向上，物体的亮度温度是一个与波长相关的量。因此，在用具有不同波长的辐射温度计对同一物体进行测温时，所测的亮度温度值是不一样的。

如果物体为选择性辐射体，那么在不同波长处观测到的亮度温度将会是不一样的；如果物体为灰体，则 $T_b = \varepsilon^{1/4} \cdot T_s$，即灰体的亮温与发射率的 1/4 次方成正比。实际工作中，可以把基于各类表观（apparent）辐射推导出的等效黑体温度都称为亮温，就是说各种具体用途中"亮温"的物理含义会有差别。

地表温度

表征地球表面厚度等于穿透深度（范围 0.1～10 倍波长）的表皮的综合温度，包括陆地表面温度 LST（Land Surface Temperature）和海洋表面温度 SST（Sea Surface Temperature）。本书涉及的为陆地表面温度（LST）。值得注意的是，遥感数据反演得到的地表温度是在遥感器获取的亮度温度的基础上消除了大气和发射率影响后的地表非同温混合像元的等效温度（即方向辐射计温度）。

地表能量平衡

太阳辐射是地表与大气的最主要能源。太阳发射的电磁波短波辐射，除了被大气层顶反射回太空以及被大气吸收的部分外，其余部分能量将以直射与漫射的形式到达地表。根据能量守恒与转换定律，地表接收的能量以不同方式转换为其他运动形式，使能量保持平衡。在忽略用于植物光合作用和植物生物量增加的耗能前提下，这一能量交换过程可以用地表能量平衡方程来表示：

$$R_n = H + \lambda E + G \tag{2.6}$$

式中，R_n 为地表净辐射（W/m^2），H 是从下垫面到大气的显热通量（W/m^2），λE 是从下垫面到大气的潜热通量（W/m^2），G 为土壤热通量（W/m^2）。

短波净辐射

地表短波净辐射指地表单位时间单位面积上接收到的短波波段总辐射与反射的短波波段辐射之差。

植被指数

植被指数指利用光学遥感不同波段对地观测数据进行数学组合而成的、能够反映植被生长状况的参数。常用的遥感植被指数包括归一化植被指数 NDVI（Normalized Difference Vegetation Index）、增强型植被指数 EVI（Enhanced Vegetation Index）、植被覆盖度 FVC（Fractional Vegetation Cover）、叶面积指数 LAI（Leaf Area Index）等。

归一化植被指数 NDVI 是最常用的植被指数，由近红外波段反射率与红波段反射率计算得到，其表达式为：

$$NDVI = \frac{\rho_{nir} - \rho_{red}}{\rho_{nir} + \rho_{red}} \qquad (2.7)$$

式中，ρ_{nir} 和 ρ_{red} 分别是近红外与红波段的反射率。

增强型植被指数 EVI 通过引入蓝色波段以增强植被信号，矫正土壤背景和气溶胶散射的影响，其表达式为：

$$EVI = 2.5 \times \frac{\rho_{nir} - \rho_{red}}{\rho_{nir} + 6.0 \times \rho_{red} - 7.5 \times \rho_{blue} + 1} \qquad (2.8)$$

式中，ρ_{blue} 表示蓝波段的反射率。

植被覆盖度 FVC 通常是指植被（包括叶、茎和枝）在地面的垂直投影面积占统计区内总面积的百分比，它是刻画地表植被覆盖情况的重要参数。在遥感中，像元的植被覆盖度一般通过归一化植被指数进行计算。值得注意的是，当前基于植被指数的植被覆盖度估算方法仍然以经验方法为主。一个常用的植被覆盖度与归一化植被指数的关系式可以表示为（Prihodko and Goward，1997）：

$$FVC = \left[\frac{NDVI - NDVI_{min}}{NDVI_{max} - NDVI_{min}} \right]^2 \qquad (2.9)$$

式中，$NDVI_{max}$ 和 $NDVI_{min}$ 表示完全植被覆盖与裸土的 NDVI。

与 NDVI、EVI 以及 FVC 稍有不同的是，叶面积指数 LAI 实际上是一个有单位的参量，它通常可指单位水平面积上植物绿色叶片总面积的一半（Fang et al.，2019）。LAI 与植被生理生态、叶片生物化学性质、蒸散发等密切相关，是表示植被利用光能状况和冠层结构的一个综合指标。

陆面过程模型

陆面过程模型是用来描述发生在陆面上的所有物理、化学和生物过程，以及与这些过程与大气的关系的模型。这些过程主要包括地面上的热力过程（包括辐射及热交换过程）、动量交换过程（如摩擦及植被的阻挡等）、水文过程（包括降水、蒸发、蒸腾和径流等）、地表与大气间的物质交换过程，以及地表以下的热量和水分输送过程等。

本书采用通用陆面过程模型 CoLM（Common Land Model）开展陆面过程模拟研究。CoLM 是在 LSM（Land Surface Model）、BATS（Biosphere-Atmosphere Transfer Scheme）和 IAP94（Institute of Atmospheric Physics）陆面过程模型的基础上发展起来的第三代陆面过程模型，其最初是为 NCAR（National Center for Atmospheric Research）的 CAM（Community Atmosphere Model）陆地研究小组提供的一个陆面过程模型框架。后来，Dickinson 和 Dai 发展了单层—双子叶模型，并把该子模型耦合到了 CLM 原始版本中，改名为 CoLM（Dai et al., 2014）。CoLM 结合了水文过程、生物地球化学过程和植被动力学过程，并在对气候、植被生态以及流域水文学数值模拟等方面做了大量细致工作的基础上发展起来的，它集中了国际上已有陆面模型的大部分优点，被认为是当前最为完善的陆面过程模型之一。

CoLM 将地表进行网格化，每个网格里面又划分成若干个瓦片（tile），每个 tile 都有唯一的一种地表覆盖类型。同一个网格内的所有 tile 的大气强迫数据一致，按照 CoLM 设置的时间步长，每个 tile 里面的能量和水量在每一个运算时间都单独进行计算，相邻的 tile 不发生水热和能量的直接交换。除了地表的网格化处理，在垂直方向上，CoLM 考虑了 10 层土壤和 1 层植被以及最多 5 层的雪盖。

利用 CoLM 生成模拟数据主要包括三个步骤：其一，地表数据输入；其二，模型变量初始化；其三，模型运行。

表 2.3　CoLM 地表数据和用途

数据项	用途
经纬度	计算太阳高度角
土壤质地	计算水热参数
土壤颜色	计算饱和土壤和干土的反射率
地表覆盖类型	定义地表覆盖类型和对应地表 / 植被参数

　　CoLM 主要的地表数据和用途如表 2.3 所示。其中，土壤质地和地表覆盖类型分别采用联合国粮食及农业组织的土壤质地分类（表 2.2）和美国地质调查局 USGS（United States Geological Survey）的地表覆盖类型分类（表 2.4）。对每一种地表覆盖类型来说，它都对应了一套地表植被参数，如植被反照率、冠层粗糙长度、冠层零平面位移、叶子尺寸、根系比例、植被覆盖率、叶面积指数和茎面积指数等，关于这些参数的详细描述可参阅 CoLM 用户手册。

表 2.4　美国地质调查局 USGS 地表覆盖类型分类

序号	地表覆盖类型
1	城市和建筑用地（Urban and Built-Up Land）
2	旱地农田和牧场（Dryland Cropland and Pasture）
3	灌溉农田和牧场（Irrigated Cropland and Pasture）
4	旱地灌溉农田和牧场混合地（Mixed Dryland/Irrigated Cropland and Pasture）
5	农田和草地镶嵌地（Cropland/Grassland Mosaic）
6	农田和林地镶嵌地（Cropland/Woodland Mosaic）
7	草地（Grassland）
8	灌木地（Shrubland）
9	混合灌木地和草地（Mixed Shrubland/Grassland）
10	热带草原（Savanna）
11	落叶阔叶林（Deciduous Broadleaf Forest）
12	落叶针叶林（Deciduous Needleleaf Forest）
13	常绿阔叶林（Evergreen Broadleaf Forest）
14	常绿针叶林（Evergreen Needleleaf Forest）
15	混交林（Mixed Forest）
16	水体（包括海洋）[Water Bodies（Including Ocean）]
17	草本湿地（Herbaceous Wetland）
18	木本湿地（Wooded Wetland）

表 2.4 （续）

序号	地表覆盖类型
19	裸地或低植被覆盖地（Barren or Sparsely Vegetated）
20	草本苔原（Herbaceous Tundra）
21	木本苔原（Wooded Tundra）
22	混合苔原（Mixed Tundra）
23	裸露苔原（Bare Ground Tundra）
24	冰雪（Snow or Ice）

模型变量初始化包括随时间不变的模型变量和随时间变化的模型变量的初始化。随时间不变的模型变量的初始化主要是通过地表信息参数化后计算完成，在模型运算过程中数值不发生改变。如土壤水传导系数、饱和土壤含水量等土壤水力等都直接通过参数化成土壤质地的函数；模型中随时间改变的变量的初始化主要取决于实测值的有无，一般来说，如果存在实测值，则该变量用实测值来进行赋值，如果缺少实测值，则根据经验来给定。考虑到主要利用 CoLM 模拟不同气象条件和下垫面条件下的地表参数，因此，除了一些默认的变量初始化方法外，主要对土壤质地、土壤水分以及植被覆盖度等参数进行初始化。其中，对土壤水分的初始化主要是让每种土壤质地对应的土壤水分从凋萎系数按照一定的取样间隔均匀变化到田间持水量，对植被覆盖度的初始化则是设置一定的植被覆盖度变化范围和步长等。

完成模型变量初始化后，在气象数据的驱动下，CoLM 周期性的读进大气强迫数据，并按照设置的时间步长进行模拟，输出指定的变量。驱动 CoLM 进行模拟所需要的气象数据如表 2.5 所示。

表 2.5 CoLM 的气象输入数据

气象要素	量纲
太阳辐射	W/m^2
下行长波辐射	W/m^2

表 2.5 （续）

气象要素	量纲
降水率	mm/s
气温	K
东向风速分量	m/s
北向风速分量	m/s
大气压	Pa
比湿	kg/kg

当然，除了 CoLM，还有其他常用的陆面过程模型也可以用来开展陆面过程模拟。这些不同的陆面过程模型的物理基础无外乎水量平衡与能量平衡原理，其主要区别体现在模型的参数化方案、部分物理过程以及模型的设置上。以 Noah 陆面过程模型为例，该模型的前身是发展于 20 世纪 80 年代中期的 OSU（Oregon State University）陆面过程模型，后来被美国国家环境预报中心（NCEP）的环境模拟中心（EMC），美国国家气象局水文办公室（OH-NWS）及 NESDIS 的研究和应用办公室等机构选用为中尺度气象和气候预报模式的陆面模型，并在 2000 年被命名为 Noah 模型。Noah 陆面过程模型包括 1 层植被和深度为 2 m 的 4 层土壤（0.1 m、0.3 m、0.6 m 和 1 m）。表 2.6 为 Noah 模型的主要陆面过程模块。

表 2.6　Noah 模型主要陆面过程模块

模块名称	Noah 陆面过程描述
冠层结构模块	一个冠层结构，简单的冠层阻抗
土壤分层模块	深度为 0.1 m、0.3 m、0.6 m 和 1 m 的 4 层土壤，植被根区深度为 1 m
辐射模块	没有光谱依赖，短波和长波辐射
植被和地表温度模块	简单贾维斯类型林冠阻力方程，结合地面 / 植被表面的单线性能量平衡方程，考虑到季节性 LAI 和植被覆盖度
径流模块	地表径流考虑次网格尺度降水和土壤水分；重力排水
雪模块	1 层雪被，冰冻地面物理模型

Noah 模型自从建立到如今已经有 20 多年的发展，模型结构和模型算法一直保持着不断地更新和完善，最新的模型及相关文档可从官网获得（ https://www.emc.ncep.noaa.gov/emc/pages/infrastructure/noah-lsm.php ）。

2.3 相关气象参数

降水率

降水率也称降水强度，指的是单位时间或某一段时间内的降水量，其通常可以用 mm/s 或者 mm/h 为单位来表示。

气温

气象学上把表示空气冷热程度的物理量称为空气温度，简称气温（air temperature）。公众天气预报中所说的气温，是指在有草皮的观测场中离地面 1.5 m 高的百叶箱中的温度表上测得的，由于温度表保持了良好的通风性并避免了阳光直接照射，因而具有较好的代表性。国际上标准气温度量单位是摄氏度（℃），我国气温记录一般采用摄氏度（℃）或开氏温度（K）为单位。气温的单位除上面提到的用摄氏度（℃）和（K）表示外，还有以华氏度（F）表示的。

露点温度

露点温度（dew temperature）指空气在水汽含量和气压都不改变的条件下，冷却到饱和时的温度。形象地说，露点温度就是空气中的水蒸气变为露珠时候的温度。

风速和风向

风速是指空气相对于地球某一固定地点的运动速率，风速的常用单位是 m/s，风速没有等级，风力才有等级，风速是风力等级划分的依据。一般来讲，风速越大，风力等级越高，风的破坏性越大。在气象上，一般按风力大小划分为 17 个等级。风向则指风来的方向，地面人工观测风向用 16 个方位表示；自动观测风向用度表示。风向 16 个方位：正北、北东北、东北、东东北、东、东东南、东南、南东南、南、南西南、西南、西西南、西、西西北、西北、北西北。最多风向是指在规定时间段内出现频数最多的风向。本书中用到的风速和风向都是在一定高度上进行观测的结果，对于风向，正北方向风向为 0°，按顺时针方向 90° 为东，180° 为南，270° 为西，其余类推。

相对湿度和比湿

相对湿度指空气中实际水汽压与同一温度下饱和水汽压之比，可表示为湿空气的绝对湿度与相同温度下可能达到的最大绝对湿度之比，也可表示为湿空气中水蒸气分压力与相同温度下水的饱和压力之比。比湿则是在空气样本中水汽的质量与该样本的总质量值比，其单位通常为 g/g 或者 kg/kg。

饱和水汽压差

饱和水汽压差是指在一定温度下饱和水汽压与空气中的实际水汽压之间的差值。

大气压

大气压是作用在单位面积上的大气压力，即等于单位面积上向上延伸到大气上界的垂直空气柱的重量。气压大小与高度、温度等条件有关。一般随高度增大而减小。在水平方向上，大气压的差异引起空气的流动。大气压的单位为帕斯卡（Pa）。

第 3 章 "逐像元"特征空间模型及土壤水分反演

3.1 "逐像元"特征空间模型

基于可见光/近红外与热红外地表参数二维特征空间分布信息的反演方法是目前最为常用的土壤水分遥感反演方法之一。此类方法主观上对环境与地理空间要素具有两个严苛的约束条件：其一，研究区窗口内需有足够多像元，且不同像元之间土壤水分与植被覆盖度具有显著差异；其二，研究区窗口内气象条件均一、地形平坦，以使不同像元土壤水分反演值具有可比性。考虑到地形与气象要素的空间异质性，上述近乎"理想"而又相互制约的主观约束条件使得该类方法通常只适用于较小地理空间尺度。如何确定研究区窗口大小以满足传统二维特征空间成立的必要条件，迄今为止仍然是一个悬而未决的关键科学问题。此外，传统方法中二维特征空间的边界（干边和湿边）通常由空间内满足一定条件的像元线性拟合得到，其与研究区窗口大小以及拟合算法的选择密切相关，具有显著的主观性。

尽管如此，目前很多应用研究并不在意上述特征空间模型的客观构成条件，而是简单地以"研究区"为导向——"研究区有多大，窗口就多大"。

这种忽视客观物理规律的应用模式严重阻碍了土壤水分遥感反演方法的正常发展。针对上述问题，本研究创新性地提出了与研究区窗口大小无关的"逐像元"特征空间模型。与传统基于地表参数二维空间分布的特征空间相比，"逐像元"的巧妙之处在于其"以像元而不是以特征空间（研究区窗口）为基本单元"。图 3.1 为传统梯形特征空间模型与"逐像元"梯形特征空间模型的示意图。在传统梯形特征空间中，所有满足特征空间客观构成条件的像元聚集成梯形形状。对于研究区窗口内的任意一个有效像元，都在梯形特征空间中有属于自己的位置。当然，具有相同下垫面信息的像元的位置可能会出现重叠现象，这并不影响该像元土壤水分的反演。在"逐像元"特征空间模型中，并不存在所谓的研究区窗口这个概念。对于研究区来说，所有待反演的像元都对应着一个虚拟的特征空间。该特征空间由四个极限干湿端元（干燥裸土、湿润裸土，受水分胁迫的全覆盖植被、水分供应良好的全覆盖植被）的理论地表温度构成。"逐像元"特征空间模型的建立，使得特征空间边界的确定不再依赖地表参数的二维空间分布，进而将传统方法对环境与地理空间要素的主观要求成功转移到了具有坚实物理机理的、客观的地表能量平衡求解和业已成熟的热红外地表温度反演上，解决了传统特征空间方法对"理想"环境与地理空间要素条件的依赖问题，体现了从"主观要求"到"客观理论"转变的土壤水分反演新思维，为大范围土壤水分"逐像元"反演奠定了理论基础。

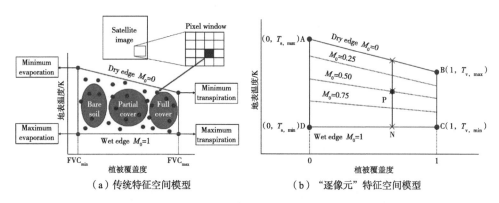

图 3.1　传统特征空间模型（a）与"逐像元"特征空间模型（b）示意图（见文后彩图）

3.2 "逐像元"特征空间模型土壤水分反演方法

在图 3.1 所示的"逐像元"特征空间模型中，A 为干燥裸土、B 为受水分胁迫的全覆盖植被，C 为水分供应良好的全覆盖植被，D 为湿润裸土。由 ABCD 构成的梯形即为目标像元 P 对应的虚拟特征空间，其中 AB 为理论干边，CD 为理论湿边，AB 和 CD 共同构成了"逐像元"特征空间模型的物理边界。在干边，土壤水分可利用率 M_0 为 0，表明土壤水分处于最小值；在湿边，土壤水分可利用率 M_0 为 1，表明土壤水分处于最大值。此外，特征空间里还存在着一系列均匀变化的等值线（黑色虚线），在每一条等值线上，土壤水分可利用率 M_0 相等。因此，目标像元 P 的土壤水分可以表示为：

$$\theta = M_0 \times (\theta_{\max} - \theta_{\min}) + \theta_{\min} \qquad (3.1)$$

式中，θ 为土壤水分，$\theta_{\max}$ 和 $\theta_{\min}$ 分别为干边与湿边对应的土壤水分。

由于假设特征空间内土壤水分可利用率 M_0 均匀变化，目标像元 P 的土壤水分可利用率 M_0 可以表示为：

$$M_0 = \frac{\mathrm{MP}}{\mathrm{MN}} \qquad (3.2)$$

由于 M 和 N 分别在特征空间的干边和湿边上，且 M 和 N 与目标像元拥有相同的植被覆盖度，根据干边与湿边线性方程，即可计算 M 和 N 对应的地表温度。根据地表能量平衡原理，计算得到极限干湿端元 A 和端元 B 的地表温度 $T_{s,\max}$ 和 $T_{v,\max}$ 后，干边上任意一点的温度可以表示为植被覆盖度（f）的函数：

$$T_{\mathrm{dry}}(f) = \left(T_{v,\max} - T_{s,\max}\right) f + T_{s,\max} \qquad (3.3)$$

同理，湿边上任意一点的温度也可以表示为植被覆盖度（f）的函数：

$$T_{\mathrm{wet}}(f) = \left(T_{v,\min} - T_{s,\min}\right) f + T_{s,\min} \qquad (3.4)$$

将干边和湿边方程代入式（3.1）和式（3.2），目标像元的土壤水分可以表示为：

$$\theta = \frac{\left[\left(T_{c,\max} - T_{s,\max}\right)f + T_{s,\max}\right] - T_s}{\left[\left(T_{c,\max} - T_{s,\max}\right)f + T_{s,\max}\right] - \left[\left(T_{c,\min} - T_{s,\min}\right)f + T_{s,\min}\right]} \times \left(\theta_{\max} - \theta_{\min}\right) + \theta_{\min}$$

（3.5）

式中，T_s 和 f 分别是目标像元的地表温度与植被覆盖度；考虑到土壤水分一般在凋萎系数和田间持水量之间变化，通常可假设特征空间干边对应的土壤水分为凋萎系数，特征空间湿边对应的土壤水分为田间持水量。由此，上式中的 $\theta_{\max}$ 和 $\theta_{\min}$ 可分别对应土壤田间持水量和凋萎系数。值得注意的是，也有部分研究用残余含水量和饱和含水量来代替上式中的干边土壤水分与湿边土壤水分。

Moran et al.（1994）最早提出了基于能量平衡原理计算极限干湿端元（干燥裸土、湿润裸土，受水分胁迫的全覆盖植被、水分供应良好的全覆盖植被）理论地表温度的方法：

$$\begin{cases} T_{s,\max} = \dfrac{r_a(R_{n,s} - G)}{C_v} + T_a \\[2mm] T_{s,\min} = \dfrac{r_a(R_{n,s} - G)}{C_v}\dfrac{\gamma}{\Delta + \gamma} - \dfrac{VPD}{\Delta + \gamma} + T_a \\[2mm] T_{v,\max} = \dfrac{r_a(R_{n,c} - G)}{C_v}\dfrac{\gamma\left(1 + \dfrac{r_{cx}}{r_a}\right)}{\Delta + \gamma\left(1 + \dfrac{r_{cx}}{r_a}\right)} - \dfrac{VPD}{\Delta + \gamma\left(1 + \dfrac{r_{cx}}{r_a}\right)} + T_a \\[2mm] T_{v,\min} = \dfrac{r_a(R_{n,c} - G)}{C_v}\dfrac{\gamma\left(1 + \dfrac{r_{cp}}{r_a}\right)}{\Delta + \gamma\left(1 + \dfrac{r_{cp}}{r_a}\right)} - \dfrac{VPD}{\Delta + \gamma\left(1 + \dfrac{r_{cp}}{r_a}\right)} + T_a \end{cases}$$

（3.6）

式中，r_a 是空气动力学阻抗（s/m）；G 是土壤热通量（W/m²）；T_a 是气温（K）；C_v 是空气的定容比热 [J/（℃·m³）]；γ 是干湿球常数（0.066 kPa/℃）；Δ 是饱和水汽压与气温关系的斜率（kPa/℃）；VPD 是饱和水汽压差（kPa）；r_{cx} 和 r_{cp} 分别是植被气孔接近完全关闭状态时植被阻抗（s/m）和植被供水良好时的植被阻抗（s/m）。需要强调的是，这些参数完全可以由常用的气象数据（气温、风速、太阳辐射和相对湿度）计算得到。将净辐射分解为土壤净辐射（$R_{n,s}$）和植被净辐射（$R_{n,c}$）分量可参照 Kustas and Norman（2000）的方法。

3.3　基于风云卫星数据的内蒙古土壤水分反演研究

3.3.1　研究区概况

内蒙古自治区（书中均简称内蒙古，其他同）位于我国北部边疆，成狭长弧形，其经纬度范围为 97°12′~126°04′E、37°24′~53°23′N。内蒙古占地面积广袤，是我国第三大的省级行政区，南面与黑龙江、吉林和辽宁相邻，地势较低，以林地为主，有著名的大兴安岭；南面与河北、山西和陕西毗邻，临近北京、天津；西面与宁夏和甘肃相邻，地势较高，海拔大于 1 km，以荒漠景观著称；北面与蒙古国和俄罗斯两国接壤。内蒙古地形复杂，以高原为主，自西向东有著名的阿拉善高原、乌兰布和沙漠、河套平原、乌兰察布高原、浑善达克沙地和呼伦贝尔高原。受海陆位置影响，自西向东由干旱、半干旱区向半湿润、湿润区过渡，形成了西部干旱东部潮湿的格局。此外，内蒙古纬度跨度较大，约 16°，结合自南向北由热到冷的纬度地带性和自西向东由干变湿的经度地带性，互相影响，交织作用，最终形成了沙漠、草原和森林三大景观。

内蒙古气候类型复杂，自西向东为温带大陆性季风气候和寒温带大陆性季风气候，具有夏季温热且时间短、冬季寒冷且绵长的特点。由海洋吹来的季风受到高大山脉的阻拦导致其难以深入到达西部内陆，同时该地区最高气温可达 40℃，因此，内蒙古夏季少雨且蒸发强烈，造成西部土壤水分含量较低的现象；东部地区靠近海洋且没有高大山脉的阻隔，气流极易从海洋流向内陆从而形成降水，又因东部和中部地区以林地和草地为主，水源涵养能力强，因此，蒸发强度较弱，土壤水分含量高。

庞大的水系是一个城市发展的重要条件，内蒙古河流众多达千余条，但人口和耕地的分布与水源的分布不相匹配，在人口和耕地分别占 66% 和 30% 的中西部，水资源匮乏仅占全区域的 25%，而在人口和耕地占比 18% 和 20% 的东部地区，水资源充盈约占区域的 65%。

据 2017 年统计，内蒙古的农用地约 12.43 亿亩（15 亩 =1 hm²，全书同），牧草地约 7.43 亿亩，分别约占全国两类用地的 12.85% 和 22.57%，在我国占有重要地位。优越的地理条件为全区域农牧业经济的发展带来契机，2019 年内蒙古的肉类奶类产量总共 847.5 万 t，为全国畜牧业产量做出重要贡献，细羊毛和粗羊毛分别生产 114 874 万 t 和 5 385.5 万 t，平均占到全国羊毛产量的 24.15% 左右，是主要的羊毛生产省区。甜菜是内蒙古主要的农产品，总产量占全国甜菜的 51.3%。除此之外，内蒙古还提供其他重要的农产品，如粮食油料等。2019 年内蒙古几种主要的农畜产品产出量占全国的 23%。由此可见，内蒙古是全国重要的农牧区，具有无可替代的生产价值。

土壤含水量能够直接决定作物根部吸收水分的多少进而影响物质累积，同时，地表的各种物化过程和生命活动都与土壤水分息息相关。因此，了解内蒙古土壤水分空间分布和变化特征对全区域畜牧业的可持续发展具有关键性作用，在带动周边地区的经济发展方面有不可或缺的意义。内蒙古虽拥有较优越的自然和人文条件，但它仍处于干旱半干旱气候下的草原退化状态，不利于全区域支柱产业的发展和经济水平的提升，地表覆盖的异质性使得生成空间完整的土壤水分数据对于更好地了解该地区大气和水循环以及畜牧业的绿色发展至关重要。

3.3.2　数据介绍

表 3.1 显示了本研究使用的数据，主要包括用于土壤水分反演的遥感数据与气象数据，以及与反演结果进行精度对比的土壤水分产品。其中 FY-4A 地球静止卫星提供的地表温度数据和 FY-3D 极轨卫星提供的植被指数是用于土壤水分反演的主要卫星数据；基于地表能量平衡原理，利用短波辐射、气温、风速和相对湿度可以计算极限干湿端元地表温度；SMAP

的土壤水分产品和CLDAS的土壤水分再分析数据用来评估基于FY数据反演的土壤水分的精度。

表3.1 本研究的主要数据源

数据来源	变量	空间分辨率	时间分辨率
卫星数据	FY-4A	地表温度	0.04°	15~30 min
	FY-3D	植被指数	0.05°	10 d
	SMAP	土壤水分	0.09°	1 d
再分析数据	CLDAS	短波辐射	0.062 5°	1 h
		风速	0.062 5°	1 h
		气温	0.062 5°	1 h
		相对湿度	0.062 5°	1 h
		土壤水分	0.062 5°	1 h

风云卫星数据

1997年我国第一颗风云二号A星（FY-2A）静止气象卫星于西昌卫星发射中心发射，开启了中国遥感卫星的新纪元。随后，我国相继发射风云三号、风云四号系列卫星，使得中国成为世界上极少数同时拥有地球静止气象卫星和极轨气象卫星的国家之一。风云四号A星（FY-4A）是继风云二号系列卫星之后的第二代静止气象卫星，由"长征三号乙"于2016年在西昌卫星发射中心发射升空。它深度应用于干旱监测、沙尘灾害监测等物理和化学领域并为世界带来了静止轨道地球大气高光谱图。多通道扫描成像辐射计是FY-4A卫星的关键仪器，拥有14个观测波段，包括6个可见光、近红外波段、2个中红外波段、2个水汽波段和4个远红外波段，每15~30 min可实现1次对地观测。风云三号气象卫星是接替风云一号系列卫星任务的第二代业务气象卫星，目前有2颗在轨正常运行并提供资料。风云三号A上午星（FY-3A）和风云三号B下午星（FY-3B）使我国成为世界上第二个上下午双星在轨运行的国家。风云三号D星（FY-3D）于2017年由"长征四号丙"在太原卫星发射中心成功发射，主要应用领域为大气检测、天气预测、生态文明建设，近年来众多学者基于 FY-3D 的微波波段土壤水分数据进行了深入研究。中分辨率光谱成像仪是 FY-3D 的主要载荷之一，涵盖 20 个通道的多光谱信息，可以实现植被和地表覆盖类型等陆表信息的获取，提供旬和月尺度的归一化植被指数信息。本研究选取 2020 年 7—9 月为研究期，空间分辨率为 0.04° 的 FY-4A 号气象卫星为数据源，用以获取地表温度和太阳天顶角。一方面基于 FY-4A 数据行列号和经纬度转换原则将全圆盘地表温度数据进行几何校正为 WGS84 坐标系统，然后利用 ENVI 和 ArcGIS 软件对其进行批量裁剪和重采样等处理最终获得空间分辨率为 0.05° 的内蒙古 LST 数据。另一方面对 FY-4A 的 L1 级定位数据进行处理，利用地理位置查找表的方法进行几何校正，并利用 ENVI 和 ArcGIS 对其进行批量裁剪和重采样，最终获得与地表温度有相同空间分辨率的太阳天顶角数据。除此之外，植被覆盖度也是重要的输入数据，在本研究首先从 FY-3D 获取与地表温度同时期的空间分辨率为 0.05° 的植被指数旬数据，通过校正和裁剪获得内蒙古的植被指数数据。本研究使用的风云数据来自中国气象局国家卫星气象中心（http://www.nsmc. org.cn）。

CLDAS 数据

随着土壤水分数据在各研究领域的广泛应用，目前如何生产出高分辨率的土壤水分产品受到高度关注，其中陆面数据同化技术成为一个高效且重要的手段。中国气象局分四个阶段来实现陆面数据同化系统的计划，第一个阶段的目标是构建一个初步的陆面数据同化系统，通过同化技术手段对多源数据进行处理，并为新版本打下基础；第二个阶段继续优化各类参数和陆面驱动数据，形成多个陆面模式并存的格局；第三个阶段对地面观测到的和反演的土壤水分数据进行同化；第四个阶段对卫星观测获得的亮温数据进行同化。其中中国气象局陆面数据同化系统 2.0 版本（China Meteorological Administration Land Data Assimilation System, CLDAS-V2.0）涵盖了 2017 年至今的近实时产品，提供了亚洲区域空间分辨率为 0.062 5° 的逐小时数据，包括 6 个大气驱动场数据、5 个垂直分层的土壤湿度产品和土壤温度分析产品、3 个土壤相对湿度分析产品，这些产品通过集合卡尔曼滤波数据同化方法得到。相比其他同化产品，CLDAS不仅拥有更高的空间分辨率，数据精度也比其他同类产品更高，数据质量更优。本研究选取与 FY-4A 观测时间相同的短波辐射、气温、风速和相对湿度来计算极限干湿端元地表温度，从而确定"逐像元"特征空间模型的理论干湿边。除此之外，本研究还获取了深度为 5 cm 的土壤水分同化数据用来评估土壤水分反演精度，利用 ENVI 和 ArcGIS 进行批量裁剪和重采样以获取空间分辨率为 0.05° 的数据，进而与 FY 地表温度相匹配。本研究使用的 CLDAS 数据来自国家气象科学数据中心（http://data.cma.cn）。

SMAP 数据

在研究各种地球物理化学变化和生命活动的过程中，主动微波和被动微波扮演了极为重要的角色并起到了关键作用。随着人们对遥感技术的系统认识，证明 L 波段对土壤水分较为敏感，搭载空间分辨率为 3 km 的 L 波段雷达和空间分辨率为 36 km 的 L 波段辐射计的 SMAP 卫星由美国国家航空航天局于 2015 年发射升空，旨在对全球陆面水循环、能量循环和碳循环的过程进行有效监测，以提高天气预测和干旱预测能力。SMAP 卫星是一颗结合主动微波和被动微波的对地观测卫星，用来观测地表土壤水分情况，每 2~3 天可提供 6∶00 的降轨数据和 18∶00 的升轨数据。卫星提供的土壤水分数据主要分三类：空间分辨率为 3 km 的主动微波产品、空间分辨率为 36 km 的被动微波产品和空间分辨率为 9 km 的主被动结合的土壤水分产品，本研究选取重返周期为 2~3 天的增强型 L3 级 9 km 土壤水分产品 SMAP_L3_P_E，并通过 EMVI 和 ArcGIS 对数据进行拼接、裁剪和重采样得到 0.05° 的土壤水分用于评估反演结果的精度。本研究使用的 SMAP 数据来自美国国家航空航天局 SMAP 数据官网（https://search.earthdata.nasa.gov/）。

MODIS 数据

目前，遥感手段已成为实现对海洋、陆表和大气等方面观测的重要途径。1999 年，美国国家航空航天局成功发射了极地轨道卫星 Terra，这也是美国地球观测系统的第一颗极轨环境遥感卫星。随后于 2002 年又发射了 Aqua 卫星，这两颗卫星可向地面传输有关太阳动力系统、冰雪圈和大气等的信息，用于土地利用、气候变化、环境监测和自然灾害分析等方面的研究。中分辨率成像光谱仪（Moderate-resolution Imaging Spectroradiometer，MODIS）是搭载在 Terra 和 Aqua 两颗卫星上的重要传感器，可以获取 Terra 上午星提供的 10∶30 左右的数据和 Aqua 下午星观测得到的 13∶30 左右的数据。MODIS 传感器具有光谱范围广的特点，涉及 6 个波段，产品级别分为 6 级。各级产品通过定标、校正等过程产生，主要包括校正数据产品，陆地、海洋和大气数据产品。其中陆表数据主要包括地表反射率、地表温度、地表覆盖类型和植被指数等产品，地表温度产品包括空间分辨率为 1 km 的 L3 级日产品 MOD11A1、1 km 的 L3 级 8 日产品 MOD11A2 和 6 km 的 L3 级日产品 MOD11B1，为匹配本研究风云数据地表温度产品的时间和空间分辨率，选择 MOD11B1 与 FY-4A 提供的地表温度数据进行对比。另外 MODIS 能够提供空间分辨率为 500 m、5 km 的 L3 级地表覆盖产品 MCD12Q1 和 MCD12C1，本研究选取与 FY 数据具有相同空间分辨率的地表覆盖产品 MCD12C1。利用 MODIS 数据处理工具 MRT 对获取的 HDF 格式数据进行波段提取和拼接，然后通过 ENVI 的批量裁剪工具得到内蒙古的土地利用类型图。本研究使用的 MODIS 数据来自美国国家航空航天局 MODIS 数据官网（https://modis.gsfc.nasa.gov/）。

3.3.3　研究方法

采用均方根误差 Pearson 相关系数（R）、RMSE、偏差（bias）以及无偏均方根误差（ubRMSE）对基于 FY 卫星的土壤水分反演结果进行精度评估。

Pearson 相关系数是重要的统计指标之一，它可以反映两个变量之间的线性相关度，也称作相关系数，被记为 R。其取值范围为 [-1，1]，当处于 [0，1] 时表示变量之间成正相关，当处于 [-1，0] 时则为负相关，等于 0 时表示没有相关性，且 Pearson 相关系数的绝对值越大相关性越强烈。在选取 Pearson 相关系数作为评价指标来分析数据精度的时候，通常要满足三个条件，首先用来对比的两种变量相互独立，不受彼此的影响，其次两个变量之间需满足线性相关而非曲线相关，最后较为重要的一点是两个变量本身和其二次分布均需要满足正态分布。虽然协方差能够很好地反映随机变量之间的相关度，但是要依靠方差消除量纲的影响。R 的表达式为：

$$R = \frac{Cov(X, Y)}{\sqrt{Var[X] \times Var[Y]}} \quad (3.7)$$

式中，R 为变量 X 和 Y 的相关系数；$Cov(X, Y)$ 为协方差；$Var[X]$ 和 $Var[Y]$ 分别为两个变量的方差。

偏差 bias 能够直观地表示两个变量的偏离程度，其取值范围为（$-\infty$，$+\infty$），bias 的表达式为：

$$\text{bias} = \frac{\sum_{i=1}^{n}(X_i - Y_i)}{n} \quad (3.8)$$

虽然相关系数和偏差能够较好地衡量反演数据的精度，但是通过分析具体的数据二维散点图和统计结果，发现当精度结果表现为具有相似的相关系数或偏差时，数据的离散程度是不同的。比如偏差相近的两期数据，在散点图上表现为一个数据分布较密集，一个分布较分散。显然，仅凭相关系数和偏差无法准确反映数据的精度。因此，本研究选取另一精度评价指标 RMSE 来评估数据的稳定性和误差的分散程度。在一组数据中，均方根误差对于误差较为极端的值有很强的敏感性，并且包含平均偏差、方差偏差以及数据时间序列的相关度这三个方面的信息，能够很好地衡量数据的准确性。RMSE 的表达式为：

$$\text{RMSE} = \sqrt{E\left[(X-Y)^2\right]} \quad (3.9)$$

式中，$E[\ ]$ 表示数学期望值。

ubRMSE 可消除偏差对精度结果带来的影响，实现对随机误差更加客观的描述，其表达式为：

$$\text{ubRMSE} = \sqrt{\text{RMSE}^2 - \text{bias}^2} \quad (3.10)$$

3.3.4 内蒙古不同下垫面土壤水分反演结果

由于缺少 FY 卫星像元尺度地面实测土壤水分数据，最终选择与 FY-4A 空间分辨率相近的土壤水分再分析数据（CLDAS）与微波土壤水分产品（SMAP）作为参考对基于 FY 卫星反演的土壤水分进行精度评估。

草地和农田在内蒙古占地面积广袤，且是当地经济发展的重要载体，在区域中占有主导地位，因此，以这两种土地覆盖类型为主，开展土壤水分反演结果的精度评估。基于随机采样的方式，本研究在研究区获得了这两种土地覆盖类型各 200 个像元。具体而言，采样得到的像元应该满足以下两个条件：一是所选像元的地形应较平坦，坡度小于 10°；二是所选像元符合 MCD12C1 土地覆盖类型的草地或者农田分类。这样的处理是为了使土壤水分反演结果的精度评估更具客观性。除此之外，还考虑了用多天合成的方式来分析土壤水分反演方法在时间尺度的稳定性。具体来说，分别设置了 5 天、旬以及半月的时间尺度。这里主要是基于两点考虑：一是考虑云的影响，多天的合成能够提供空间覆盖更全的土壤水分数据；二是并非所有的实际应用都需要高时间分辨率的土壤水分数据。值得注意的是，本研究在开展精度评估时，将 SMAP 和 CLDAS 土壤水分产品重采样到空间分辨率为 0.05°，以匹配基于风云数据反演得到的土壤水分数据。

图 3.2 和图 3.3 分别展示了两种土地覆盖类型（农田和草地）单天（每月的 7 日和 20 日）、5 天（每月 1—5 日和 20—25 日）、旬（每月 1—10 日和 21—30/31 日）和半月（每月 1—15 日和每月 16—30/31 日）合成的土壤水分反演结果与 SMAP 土壤水分产品的散点图。

从上述结果来看，基于风云卫星数据反演得到的土壤水分在与 SMAP 土壤水分产品对比时呈现出明显的高估现象，整体上 bias 约为 0.1 m^3/m^3。具体地，在四个时间尺度（单天、5 天、旬和半月）上，草地和农田两种土地覆盖类型的偏差分别在 0.101～0.113 m^3/m^3 和 0.111～0.119 m^3/m^3 范围内，平均偏差分别为 0.109 m^3/m^3 和 0.115 m^3/m^3，其中时间分辨率为 15 天的 bias 最小，在草地和农田上的结果分别为 0.101 m^3/m^3 和 0.111 m^3/m^3。同时，FY 反演的土壤水分与 SMAP 土壤水分之间具有较强的相关性，两种土地利用类型（草地和农田）的相关系数 R 分别为 $0.615 \sim 0.701$ 和 $0.623 \sim 0.699$，四个时间尺度相关系数 R 平均值分别为 0.658 和 0.627，其中半月合成的土壤水分，相关系数 R 达到最大，分别为 0.701 和 0.699。另外，对于草地来说，FY 反演的土壤水分与 SMAP 土壤水分之间的 RMSE 为 $0.109 \sim 0.122 \ \mathrm{m^3/m^3}$，不同时间尺度的 RMSE 平均值为 $0.118 \ \mathrm{m^3/m^3}$；对于农田来说，FY 反演的土壤水分与 SMAP 土壤水分之间的 RMSE 为 $0.127 \sim 0.137 \ \mathrm{m^3/m^3}$，不同时间尺度的 RMSE 平均值为 $0.132 \ \mathrm{m^3/m^3}$。

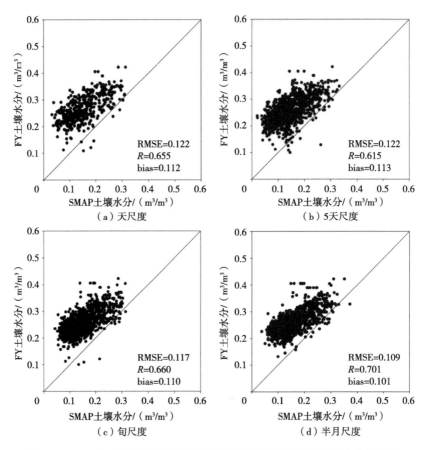

图 3.2　2020 年内蒙古基于风云数据反演的不同时间尺度草地土壤水分与
SMAP 土壤水分产品的散点图

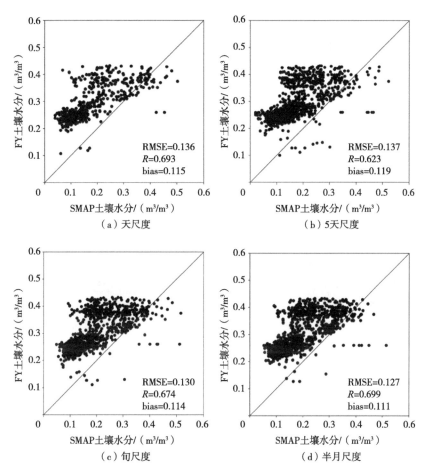

图 3.3 2020 年内蒙古基于风云数据反演的不同时间尺度农田土壤水分与 SMAP 土壤水分产品的散点图

通过以上结果，可以得出，以 SMAP 土壤水分产品作为参考数据对 FY 土壤水分反演结果进行精度评估时，FY 土壤水分反演结果明显高估，且其 RMSE 主要由 bias 造成，说明这两种土壤水分数据之间存在着显著的系统性差别。从时间维度来看，大致可以得出，随着时间尺度的增加，精度指标相对稳定，且呈现微弱的增强趋势，一定程度上说明"逐像元"土壤水分反演方法具有较强的稳定性。另外，本研究选取研究区草地和农田这两种主要的土地覆盖类型进行精度评估，草地土壤水分反演精度优于农田，这与前人的研究结论一致，主要可能是因为农田受人类活动影响相对较大而导致的地表异质性较高，从而降低了相关遥感地表参数精度。

除此之外，还利用 CLDAS 土壤水分数据对 FY 土壤水分反演结果进行进一步的分析。图 3.4 和图 3.5 分别展示了两种土地覆盖类型（农田和草地）单天（每月的 7 日和 20 日）、5 天（每月 1—5 日和 20—25 日）、旬（每月 1—10 日和 21—30/31 日）和半月（每月 1—15 日和每月 16—30/31 日）合成的土壤水分反演结果与 CLDAS 土壤水分产品的散点图。

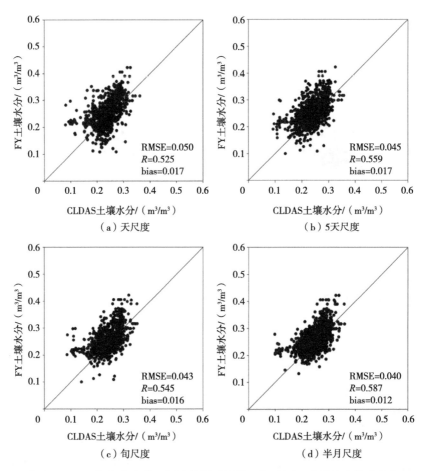

图 3.4　2020 年内蒙古基于风云数据反演的不同时间尺度草地土壤水分与
CLDAS 土壤水分产品的散点图

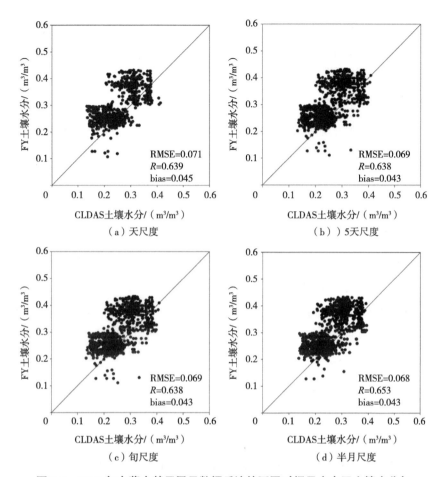

图 3.5　2020 年内蒙古基于风云数据反演的不同时间尺度农田土壤水分与
SMAP 土壤水分产品的散点图

　　从上述结果来看，基于风云卫星数据反演得到的土壤水分在与 CLDAS 土壤水分产品对比时也显示出一定的高估现象，但整体上并非明显的高估，尤其是对于草地来说，bias 为 0.01～0.02 m³/m³，农田土壤水分反演的 bias 在 0.04 m³/m³ 左右。另外，FY 土壤水分与 CLDAS 土壤水分之间的相关性也非常显著，不同时间尺度的相关系数 0.525～0.653，平均可达 0.592。从均方根误差来看，草地和农田这两种土地覆盖类型的平均 RMSE 分别为 0.045 m³/m³ 和 0.07 m³/m³，表明 FY 反演的土壤水分具有较好的精度，同利用 SMAP 土壤水分产品对 FY 土壤水分反演结果进行精度评估一致的是，草地土壤水分反演精度整体上高于农田。

通过以上研究结果，不难得出，基于 FY 的土壤水分反演结果与已有土壤水分产品之间存在着较好的一致性，整体上反演精度在可接受范围内。而且，可以看到，"逐像元"特征空间模型具有较好的时空稳定性。尤其是联合国产 FY 系列卫星和 CLDAS 同化数据，能够获得可靠的区域尺度土壤水分及其时空分布信息，充分说明国产卫星应用服务能力已取得了长足的进步。

3.3.5 土壤水分反演的误差分析

地表温度是"逐像元"特征空间模型中对土壤水分影响最大的参数。有研究表明，FY-4A 地表温度存在明显的低估现象。联想到本研究中被显著高估的土壤水分，认为二者之间可能存在着密切的关系。在此基础上，进一步对 FY-4A 地表温度进行了深入的分析。由于缺乏与 FY-4A 同一空间分辨率的地表温度地面真值，选取空间分辨率与之接近的 MOD11B1 地表温度对 FY-4A 地表温度进行对比。由于 MODIS 的 Terra 卫星过境时间为 10：30 左右，而极轨卫星对于地球来说是相对运动的，因此，各像元的观测时间是不同的。选取 FY-4A 地表温度和 MODIS 地表温度数据同一时刻的像元进行对比（时间相差 15 min 之内则认为是同一时刻）。图 3.6 显示了 FY-4A 地表温度与 MODIS 地表温度数据的散点图。

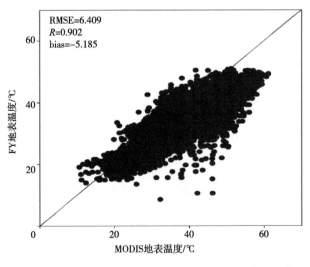

图 3.6 FY-4A 与 MOD11B1 同一时刻地表温度产品散点图

从结果来看，MOD11B1 与 FY-4A 地表温度之间具有显著的相关性，R 达到 0.9 以上，但 FY-4A 的偏差达 −5.2℃。考虑到 MODIS 地表温度数据的精度一般被业界所公认，有理由相信，被低估的 FY-4A 地表温度可能是导致土壤水分高估的主要原因。对此，进一步针对内蒙古农田和草地，分别进行地表温度的精度分析。图 3.7 显示了 FY-4A 地表温度在草地和农田的精度情况。通过分析结果可知，这两种土地覆盖类型的 FY 地表温度与 MODIS 地表温度之间相关性极其显著，草地的相关系数 R 为 0.931，农田的相关系数 R 为 0.922。相比全部像元的偏差 −5.185℃，草地和农田的偏差分别为 −1.491℃ 和 −1.105℃，虽然 FY-4A 地表温度整体上被严重低估，但是在草地和农田上，低估现象并不是十分严重。从 RMSE 来看，草地的 RMSE 为 3.157℃，高于农田的 2.132℃，这说明草地的误差整体上略高于农田，但这也可能是由于农田的有效像元较少的原因。无论如何，能够得出 FY-4A 对地表温度存在低估，而这种低估必然会造成土壤水分的高估。因此，将对 FY-4A 地表温度进行校正，分析利用校正之后的 FY-4A 地表温度反演土壤水分的精度状况。

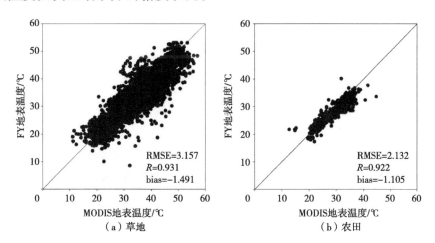

图 3.7 FY-4A 地表温度和 MODIS 地表温度在草地（a）和农田（b）的精度情况

与之前直接反演结果对应的是，图 3.8 和图 3.9 分别展示了基于地表温度校正的两种土地覆盖类型（农田和草地）单天（每月的 7 日和 20 日）、5 天（每月 1—5 日和 20—25 日）、旬（每月 1—10 日和 21—30/31 日）

和半月（每月 1—15 日和每月 16—30/31 日）合成的土壤水分反演结果与 SMAP 土壤水分产品的散点图；图 3.10 和图 3.11 分别展示了校正后两种土地覆盖类型（农田和草地）单天（每月的 7 日和 20 日）、5 天（每月 1—5 日和 20—25 日）、旬（每月 1—10 日和 21—30/31 日）和半月（每月 1—15 日和每月 16—30/31 日）合成的土壤水分反演结果与 CLDAS 土壤水分产品的散点图。

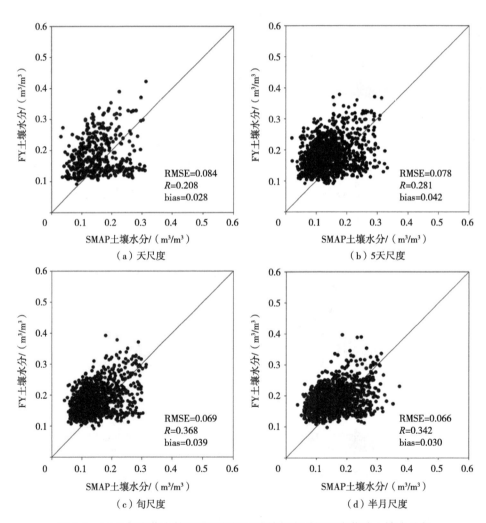

图 3.8 **2020 年内蒙古基于风云数据反演的不同时间尺度草地土壤水分与 SMAP 土壤水分产品的散点图**

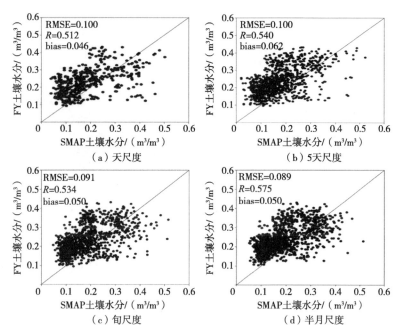

图 3.9　2020 年内蒙古基于风云数据反演的不同时间尺度农田土壤水分与 SMAP 土壤水分产品的散点图

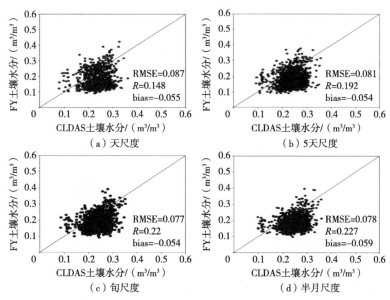

图 3.10　2020 年内蒙古基于风云数据反演的不同时间尺度草地土壤水分与 CLDAS 土壤水分产品的散点图

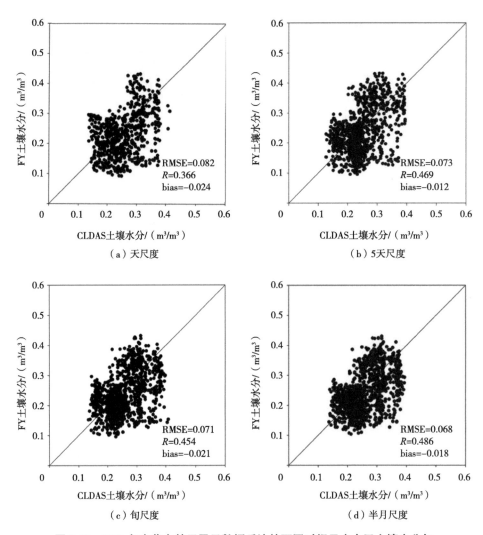

图3.11　2020年内蒙古基于风云数据反演的不同时间尺度农田土壤水分与
CLDAS土壤水分产品的散点图

　　从上述结果来看，经过对FY-4A地表温度的校正，FY土壤水分反演结果与SMAP土壤水分产品之间的bias明显减小，四种时间尺度上，草地和农田土壤水分的bias分别为$0.028 \sim 0.042$ m³/m³和$0.046 \sim 0.062$ m³/m³。具体来说，校正之后四种时间尺度的草地土壤水分偏差平均为0.035 m³/m³，与校正之前相比平均减少0.074 m³/m³，降低了67.89%；校正之后四种时间尺度农田土壤水分的偏差平均为0.052 m³/m³，与校正之前相比平均减少 0.063 m³/m³，降低了 54.78%。此外，校正后的 FY 土壤水分反演结果与 SMAP 土壤水分产品之间的 RMSE 也明显减小，校正之后草地和农田的 RMSE 分别为 0.066~0.084 m³/m³ 和 0.089~0.1 m³/m³。具体来说，校正后不同时间尺度上草地的土壤水分的 RMSE 由先前的 0.118 m³/m³ 降为 0.074 m³/m³，平均降低了 0.044 m³/m³，而校正后不同时间尺度上农田的土壤水分的 RMSE 由先前的 0.132 m³/m³ 降为 0.095 m³/m³，平均降低了 0.037 m³/m³。值得注意的是，在四种时间尺度上，半月合成的土壤水分 RMSE 最小，在草地和农田上分别为 0.066 m³/m³ 和 0.089 m³/m³。从以上的分析可以得出，对 FY-4A 地表温度进行有效的校正之后，反演得到的土壤水分精度将明显提升。另外，与校正之前相同的是，校正后的草地土壤水分精度仍然高于农田。从 CLDAS 角度来看，校正后的草地和农田土壤水分平均偏差分别为 -0.056 m³/m³ 和 -0.019 m³/m³，平均减小了 0.072 m³/m³ 和 0.063 m³/m³。同时发现，校正后 FY 反演的土壤水分与 CLDAS 土壤水分数据之间的 RMSE 在不同下垫面情况下均变高，精度变差，这表明 CLDAS 土壤水分数据可能存在着较大的不确定性，在未来研究中应给予关注。尽管如此，通过 SMAP 数据的分析，不难得出，有效的 FY-4A 地表温度校正，将有助于提升 FY 土壤水分反演精度。这也是未来开展国产风云卫星土壤水分反演研究与应用时需要特别注意的地方。

进一步，统计了不同时间尺度研究区有效土壤水分像元的空间覆盖率。表 3.2、表 3.3 和表 3.4 分别为 5 天、旬和半月尺度土壤水分的空间覆盖情况。从结果可以清晰地看到，5 天合成的土壤水分有效像元覆盖率可达 79%~96%，平均空间覆盖率为 88%，旬尺度的土壤水分有效像元空间覆盖率为 84%~98%，平均空间覆盖率为 95%。虽然 5 天和旬尺度的土壤水分有效像元空间覆盖率均能达到较高水平，但在极少数时期还存在明显的数据缺失，距离全覆盖还有一定的差距。相比之下，半月尺度的土壤水分空间覆盖率稳定在 95% 以上，且极为稳定，几乎可以满足实际应用中对土壤水分数据时空连续的需求。

表 3.2　2020 年内蒙古 5 天尺度土壤水分有效像元空间覆盖率

	1—5 日	6—10 日	11—15 日	16—20 日	21—25 日	26—30 日 /31 日
7 月	0.907	0.965	0.897	0.853	0.960	0.890
8 月	0.814	0.764	0.945	0.942	0.877	0.791
9 月	0.777	0.915	0.915	0.851	0.924	0.964

表 3.3　2020 年内蒙古旬尺度土壤水分有效像元空间覆盖率

	1—10 日	11—20 日	21—30 日 /31 日
7 月	0.977	0.967	0.969
8 月	0.844	0.969	0.931
9 月	0.963	0.968	0.975

表 3.4　2020 年内蒙古半月尺度土壤水分有效像元空间覆盖率

	1—15 日	16—30/31 日
7 月	0.977	0.971
8 月	0.963	0.971
9 月	0.971	0.976

3.3.6　不同干湿边土壤水分值对反演结果的影响分析

由"逐像元"特征空间模型可知，θ_{max} 和 θ_{min} 的取值对土壤水分反演存在一定的影响。在前述研究中，采用了 Zhang et al.（2018）提出的 PTF 获取的土壤水力特征参数作为 FY 土壤水分反演的输入。本研究将进一步探究使用时间序列 SMAP 土壤水分产品最大最小值作为 θ_{max} 和 θ_{min} 对土壤水分反演的影响。表 3.5 和表 3.6 以及表 3.7 和表 3.8 分别显示了以 PTF 土壤水力特征参数以及时间序列 SMAP 土壤水分产品提供的最大最小值作为 θ_{max} 和 θ_{min} 反演的半月尺度土壤水分的统计结果。

表 3.5 土壤水力参数反演的土壤水分精度分析（SMAP）

时间	农田			草地		
	R	RMSE/ （m³/m³）	bias/ （m³/m³）	R	RMSE/ （m³/m³）	bias/ （m³/m³）
7月1—15日	0.524	0.168	0.158	0.406	0.127	0.121
7月16—31日	0.735	0.149	0.140	0.503	0.108	0.102
8月1—15日	0.776	0.111	0.093	0.813	0.101	0.093
8月16—31日	0.769	0.103	0.088	0.727	0.100	0.093
9月1—15日	0.778	0.102	0.083	0.702	0.107	0.097
9月16—30日	0.818	0.156	0.103	0.766	0.109	0.100
7—9月	0.699	0.127	0.111	0.702	0.109	0.101

表 3.6 时间序列 SMAP 土壤水分产品土壤水力参数反演的土壤水分精度分析（SMAP）

时间	农田			草地		
	R	RMSE/ （m³/m³）	bias/ （m³/m³）	R	RMSE/ （m³/m³）	bias/ （m³/m³）
7月1—15日	0.756	0.204	0.185	0.51	0.144	0.132
7月16—31日	0.874	0.183	0.167	0.491	0.129	0.115
8月1—15日	0.884	0.135	0.121	0.821	0.126	0.118
8月16—31日	0.907	0.130	0.116	0.66	0.132	0.120
9月1—15日	0.946	0.120	0.112	0.682	0.133	0.121
9月16—30日	0.933	0.139	0.131	0.703	0.130	0.119
7—9月	0.828	0.155	0.139	0.682	0.133	0.121

从上述结果来看，基于这两种土壤水力特征参数反演得到的土壤水分在草地上的精度均高于农田。其中，基于 Zhang et al.（2018）土壤水力特征参数反演的土壤水分的 RMSE 在草地上为 $0.1\sim0.127$ m³/m³，在农田上为 $0.102\sim0.168$ m³/m³，不同时期草地和农田的平均 bias（平均 R）分别为 0.101 m³/m³（0.653）和 0.111 m³/m³（0.604）。基于时间序列 SMAP 土壤水分产品土壤水力特征参数反演的土壤水分在草地上的精度仍然高于农田，

草地和农田的 RMSE 分别为 0.126～0.144 m³/m³ 和 0.120～0.204 m³/m³，平均值分别为 0.132 m³/m³ 和 0.152 m³/m³，不同时期草地和农田平均 bias（R）为 0.121 m³/m³（0.645）和 0.139 m³/m³（0.883）。通过以上分析可以看出，在以 SMAP 土壤水分产品为参考数据进行精度评估时，基于 Zhang et al.（2018）土壤水力特征参数反演的土壤水分精度优于基于时间序列 SMAP 土壤水分产品土壤水力特征参数反演的土壤水分。

表 3.7　土壤水力特征参数反演的土壤水分精度分析（CLDAS）

时间	农田			草地		
	R	RMSE/（m³/m³）	bias/（m³/m³）	R	RMSE/（m³/m³）	bias/（m³/m³）
7 月 1—15 日	0.610	0.090	0.074	0.320	0.043	0.020
7 月 16—31 日	0.815	0.090	0.082	0.395	0.043	0.018
8 月 1—15 日	0.738	0.062	0.039	0.696	0.041	0.020
8 月 16—31 日	0.723	0.052	0.025	0.621	0.037	0.007
9 月 1—15 日	0.708	0.051	0.021	0.611	0.039	0.078
9 月 16—30 日	0.745	0.048	0.019	0.663	0.035	0.000
7—9 月	0.653	0.068	0.043	0.587	0.040	0.012

表 3.8　时间序列 SMAP 土壤水分产品土壤水力特征参数反演的土壤水分精度分析（CLDAS）

时间	农田			草地		
	R	RMSE/（m³/m³）	bias/（m³/m³）	R	RMSE/（m³/m³）	bias/（m³/m³）
7 月 1—15 日	0.543	0.143	0.101	0.351	0.069	0.031
7 月 16—31 日	0.751	0.141	0.109	0.309	0.071	0.030
8 月 1—15 日	0.660	0.116	0.067	0.661	0.077	0.046
8 月 16—31 日	0.670	0.108	0.053	0.576	0.069	0.035
9 月 1—15 日	0.671	0.105	0.050	0.578	0.070	0.031
9 月 16—30 日	0.716	0.102	0.046	0.586	0.061	0.019
7—9 月	0.603	0.120	0.071	0.545	0.070	0.032

结合表3.7和表3.8可知，基于 Zhang et al.（2018）土壤水力特征参数反演的草地土壤水分与 CLDAS 土壤水分数据之间的 RMSE 为 0.035~0.043 m^3/m^3，农田土壤水分与 CLDAS 土壤水分数据之间的 RMSE 为 0.048~0.09 m^3/m^3；而基于时间序列 SMAP 土壤水分产品土壤水力参数反演的土壤水分在草地和农田的 RMSE 分别为 0.061~0.077 m^3/m^3 和 0.102~0.143 m^3/m^3。显然，当以 CLDAS 土壤水分数据为参考对反演的土壤水分进行精度评估时，基于 Zhang et al.（2018）土壤水力特征参数反演的土壤水分精度明显优于基于时间序列 SMAP 土壤水分产品土壤水力特征参数反演的土壤水分。为消除土壤水分反演精度评估中偏差的影响，实现对反演结果更为客观的评价，进一步利用 ubRMSE 来对土壤水分反演结果进行评估。图 3.12 和图 3.13 分别为不同时间尺度 FY 土壤水分反演结果与 SMAP 以及 CLDAS 土壤水分产品的 ubRMSE 箱线图。显然，在基于 Zhang et al.（2018）土壤水力特征参数反演的土壤水分中，两种土地覆盖类型（农田和草地）与 SMAP 和 CLDAS 之间的 ubRMSE 随着时间尺度的增加呈现下降的趋势，ubRMSE 分布为 0.037~0.069 m^3/m^3 和 0.036~0.056 m^3/m^3。具体而言，当以 SMAP 为参考数据时，草地和农田在这三种时间分辨率的平均 ubRMSE 分别为 0.043 m^3/m^3 和 0.117 m^3/m^3，农田的 ubRMSE 明显高于草地；在基于时间序列 SMAP 土壤水分产品土壤水力参数反演的土壤水分中，三种时间尺度的土壤水分反演结果与 SMAP

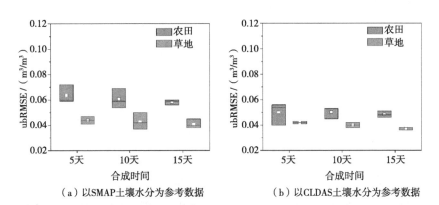

（a）以SMAP土壤水分为参考数据　　　（b）以CLDAS土壤水分为参考数据

图 3.12　基于土壤水力特征参数反演的不同时间尺度土壤水分（见文后彩图）

和 CLDAS 之间的 ubRMSE 分布为 $0.034 \sim 0.086$ m^3/m^3 和 $0.06 \sim 0.103$ m^3/m^3。具体地，与 CLDAS（SMAP）相比，草地上的平均 ubRMSE 约为 0.06 m^3/m^3（0.057 m^3/m^3），农田的平均 ubRMSE 为 0.09 m^3/m^3（0.059 m^3/m^3），表明草地的 ubRMSE 优于农田。

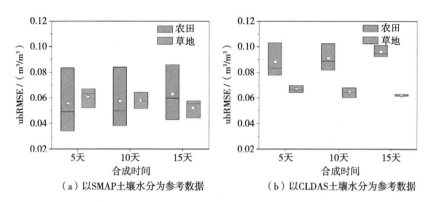

（a）以 SMAP 土壤水分为参考数据　　　　（b）以 CLDAS 土壤水分为参考数据

图 3.13　基于时间序列 SMAP 土壤水分产品土壤水力参数反演的不同时间尺度土壤水分（见文后彩图）

3.4　本章小结

本研究构建了"逐像元"特征空间模型，并利用国产风云系列卫星数据，开展了土壤水分反演研究，获得了我国内蒙古土壤水分及其时空分布，并从时间维度上探讨了不同时间尺度土壤水分的合成，以及基于"逐像元"特征空间模型的土壤水分反演的稳定性。同时，定量分析了 FY-4A 地表温度以及不同土壤水力参数对土壤水分反演的影响，为国产风云卫星未来土壤水分数据研发奠定了理论基础。同时，本研究的开展，也为基于光学遥感获取内蒙古时空连续土壤水分产品提供了一种可行的途径。

本研究的主要结论如下。"逐像元"特征空间模型的建立，为实现大范围土壤水分反演奠定了理论基础，改变了传统特征空间模型在实际应用中常常对主观苛刻条件进行选择性忽视的局面，从真正意义上体现了"空间可比较"的土壤水分反演新思维。FY-4A 地表温度存在显著的低估现象，考虑到地表温度对土壤水分的重要影响作用，在实际应用中应予以合理的校正，以获得更好的土壤水分估算结果。从本研究结果来看，FY-4A 地表温度的校正效果非常显著，在内蒙古草地和农田这两种主要的土地覆盖类型上，地表温度校正后，土壤水分反演结果的偏差分别降低了 $0.074 \text{ m}^3/\text{m}^3$ 和 $0.063 \text{ m}^3/\text{m}^3$，均方根误差分别降低了 $0.043 \text{ m}^3/\text{m}^3$ 和 $0.037 \text{ m}^3/\text{m}^3$。

土壤水力特征参数是基于"逐像元"特征空间模型的土壤水分反演方法的重要输入参数。目前，土壤水力参数获取主要有两个途径，一是基于全球土壤质地制图产品以及土壤水力参数与土壤质地的经验关系模型；二是基于长时序微波土壤水分产品的土壤水力参数提取。考虑到当前微波土壤水分产品的空间分辨率较低，推荐采用第一种方式来确定土壤水力参数。在内蒙古的实践也表明，基于全球土壤质地制图产品的土壤水力参数反演的土壤水分精度优于基于长时序微波土壤水分产品的土壤水力参数反演的土壤水分。从不同时间尺度土壤水分时空分布来看，半月尺度的土壤水分有效像元覆盖率稳定在 95% 以上。事实上，考虑到不同应用领域在实际应用中对土壤水分时间分辨率与有效数据空间覆盖率的需求，5 天、旬以及半月尺度的土壤水分虽然不能称为"全天候"土壤水分，但已然能够满足很多实际应用领域对土壤水分数据的需求。

第4章 时间与光谱信息协同的土壤水分反演

4.1 地表温度—短波净辐射椭圆关系模型

一般来说，在完全晴天条件下，受太阳高度的日变化，白天地表温度与地表短波净辐射都会随着时间推移呈现出规律的变化：从日出之后到当地时间中午时分，太阳高度角逐渐增加，辐射到地表的能量越来越多，被地表吸收的能量（即短波净辐射）随之增加，导致地表温度的增加。随后，随着太阳高度角的减小，地表吸收的能量随之减少。考虑到热传导过程导致的温度滞后效应，地表温度仍将持续一小段时间的增温，然后逐渐开始降温。相较于地表短波净辐射规则的随时间的余弦变化，地表温度的日变化更加复杂。基于热传导方法与地表能量平衡原理，国内外学者提出了不同的模型来描述地表温度的日变化。然而，不同的地表温度日变化模型均采用正弦或者余弦函数来描述白天地表温度随时间的变化规律，这与地表短波净辐射的日变化模型相似。

考虑到完全晴天条件下地表温度与地表短波净辐射分别与时间存在相同的余弦函数关系，试图探寻二者之间可能存在的关联，并挖掘二者关联关系的物理意义。利用 Jiang et al.（2006）发展的地表温度日变化模型来描述完全晴天条件下白天地表温度的日变化：

$$T_s(t) = T_0 + T_a \cos[\beta(t - t_m)], \quad t < t_s \qquad (4.1)$$

式中，$T_s(t)$ 为白天 t 时刻的地表温度，T_0 和 T_a 是拟合参数，β 是角频率，t_m 是地表温度到达最大的时刻，t_s 是温度开始衰减的时刻。

类似地，地表短波净辐射的日变化可以表达为：

$$S_n(t) = S_0 + S_a \cos[\alpha(t - t_n)] \qquad (4.2)$$

式中，$S_n(t)$ 是白天 t 时刻的地表短波净辐射，S_0 和 S_a 是拟合参数，α 是角频率，t_n 是地表短波净辐射到达最大的时刻。

考虑到地表温度与地表短波净辐射无论是在量纲还是在取值范围上均有显著差别，首先对这两个变量进行无量纲化处理：

$$x = \frac{T_s(t) - s}{r - s} = p_1 \cos[\beta(t - t_m)] + q_1 \qquad (4.3)$$

$$y = \frac{S_n(t) - j}{k - j} = p_2 \cos[\alpha(t - t_n)] + q_2 \qquad (4.4)$$

式中，x 和 y 分别是无量纲化处理后的地表温度和地表短波净辐射，r 和 s 分别为地表温度的最大值与最小值，k 和 j 分别为地表短波净辐射的最大值与最小值，可以根据实际情况进行设置。本研究将 r 和 s 分别设置为 325 K 和 275 K，k 和 j 分别设置为 1 200 W/m^2 和 0 W/m^2。

考虑到地表短波净辐射一般在当地时间正午达到最大，而地表温度一般在午后会维持一段时间的增温，用 Δt 表示地表温度到达最大的时刻与地表短波净辐射到达最大的时刻之差：

$$\Delta t = t_m - t_n \qquad (4.5)$$

为建立地表温度与地表短波净辐射时间变化之间的关联，假设这两个变量的日变化角频率相等，即 $\beta = \alpha$，据此可推导出：

$$p_2{}^2 (x-q_1)^2 - 2p_1 p_2 \left[\cos(\beta \times \Delta t) \right] (x-q_1)(y-q_2) + p_1{}^2 (y-q_2)^2$$
$$= \left[p_1 p_2 \sin(\beta \times \Delta t) \right]^2 \qquad (4.6)$$

在裸土条件下，受比热容的影响，高含水量的土壤的地表温度变化过程更为缓慢。同时，较高含水量意味着较小的地表反照率，以及相同条件下较大的地表短波净辐射。从这个角度来说，在给定的气象条件下，对于一种土壤质地及其对应的土壤水分，理论上地表温度与地表短波净辐射的日变化过程唯一，即上式中的参数（p_1、q_1、p_2、q_2、β 和 Δt）唯一存在且为定值。因此，上式实际上是一个关于地表温度与地表短波净辐射日变化的椭圆关系表达式，描述该椭圆关系的参数为：

$$\begin{cases} x_0 = q_1 \\ y_0 = q_2 \\ \theta = \dfrac{1}{2} \cot^{-1} \left[\dfrac{p_1{}^2 - p_2{}^2}{2 p_1 p_2 \cos(\beta \times \Delta t)} \right] \\ a = p_1 \sin(\beta \times \Delta t) \\ b = p_2 \sin(\beta \times \Delta t) \end{cases} \qquad (4.7)$$

式中，(x_0, y_0) 是椭圆中心坐标，a 和 b 分别是椭圆的半长轴和半短轴，θ 是椭圆的旋转角。

对上述椭圆参数与土壤水分之间的变化规律简单分析：

椭圆中心坐标（x_0, y_0）：

描述白天地表温度和地表短波净辐射的平均效果，主要体现白天气象条件的变化。一般来说，x_0 越大说明当天平均地表温度越高，y_0 越大说明平均地表短波净辐射越大。例如，相对于冬天来说，由于夏天的地表温度和地表短波净辐射都要更高一些，夏天的 x_0 和 y_0 也更大。也就是说，x_0 和 y_0 在一定程度上具有表征基本气象状况的能力。

半长轴 a 和半短轴 b：

一定程度上具有描述白天地表温度和地表短波净辐射的变化幅度和变化节奏的能力。对于裸土来说，这种变化幅度和节奏很大程度是由土壤水分与土壤质地共同决定的。一般来说，在相同的地表短波净辐射条件下

（保持 b 不变），那么 a 越大，表明相同的地表短波净辐射条件下地表温度变化得越缓慢，此时土壤水分也越大。a 和 b 的组合形式 a/b，也就是长短轴之比，该比值越大，椭圆越瘪，那么在相同的气象条件和土壤质地条件下，温度变化得越为缓慢。因此，半长轴 a 和半短轴 b 主要具有体现土壤水分和土壤质地信息的能力。

椭圆旋转角 θ：

一般来说，在相同的气象条件和土壤质地条件下，随着土壤水分的增加，土壤热容量将增大，地表温度的日变化变得更加缓慢，与此同时，土壤水分的增加将会导致土壤反射率（反照率）减小，地表短波净辐射随之增大，从而，椭圆旋转角也会随之增大。因此，椭圆旋转角能够直接反映相同土壤质地条件下不同的土壤水分状况。

4.2 基于椭圆关系模型的土壤水分反演方法

在一个给定的气象条件下，影响椭圆形态的主要因素就是土壤质地与土壤水分，那么是否存在这样一种可能性：利用椭圆参数（x_0，y_0，a，b，θ）即能反演得到土壤水分！考虑到现有主流静止卫星数据产品完全能够直接提供地表温度与地表短波净辐射及其日变化数据，完全有信心对此开展更为深入的研究。另外，额外增加的遥感时间信息是否会给土壤水分反演带来新的惊喜？至少遥感时间信息是在以往的土壤水分遥感反演中较少被关注的参数。

对此，从具有物理机理的土壤—植被—大气传输（SVAT）模型出发，进一步分析地表温度与地表短波净辐射之间的椭圆关系模型。图 4.1 为具体的研究流程图。首先从裸土这一较为简单直接的情形出发，利用通用陆面过程模型 CoLM 模拟不同气象条件和不同下垫面条件下时间序列的地表温度、地表短波净辐射以及土壤水分。以美国通量观测网络中的 Bondville 站点 2001 年跨越生长季的 8 个晴天的气象观测数据作为大气强迫数据，表征不同的气象条件。CoLM 模拟中，其他土壤质地与土壤水分的设置情况可参考相关文献（Leng et al., 2014）。

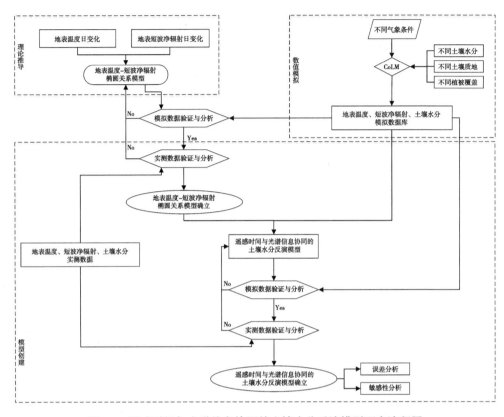

图 4.1　遥感时间与光谱信息协同的土壤水分反演模型研究流程图

　　获得模拟数据之后，首先计算椭圆参数，并对其进行相关性分析。以 DOY274 的模拟数据为例，表 4.1 显示了 5 个椭圆参数的相关性分析结果。从该敏感性分析结果可知，椭圆中心横坐标 x_0 与中心纵坐标 y_0 以及半长轴 a 和半短轴 b 之间均存在较好的相关性，相关系数的绝对值都在 0.86 以上。相较而言，椭圆旋转角 θ 与其他椭圆参数的相关性稍差。

表 4.1　Bondville 站点 2001 年 DOY274 模拟数据的椭圆参数的相关性

	x_0	y_0	a	b	θ
x_0	1.000				
y_0	0.865	1.000			
a	−0.834	−0.994	1.000		

表 4.1 （续）

	x_0	y_0	a	b	θ
b	−0.547	−0.868	0.872	1.000	
θ	0.157	0.598	−0.649	−0.737	1.000

由上述相关性分析结果来看，大部分椭圆参数之间均具有较好的相关性。因此，很难确定由哪些椭圆参数来反演土壤水分更为合适。考虑到线性模型形式简单、便于在尺度上进行扩展，且符合对土壤水分与椭圆参数变化的分析，进一步采用多元线性逐步回归的方法来确定土壤水分反演的最优化方案。多元线性逐步回归的主要思路在于通过考虑全部自变量及其对因变量的作用大小或者显著程度，按照作用大小或显著程度高低的原则逐个引入回归方程，而对那些对因变量作用不显著的变量可能始终不被引入回归方程。除此之外，已被引入回归方程的变量在引入新变量后也可能失去重要性，而需要从回归方程中剔除出去。引入一个变量或者从回归方程中剔除一个变量都称为逐步回归的一步，每一步都要进行 F 检验，以保证在引入新变量前回归方程中只含有对因变量影响显著的变量，而不显著的变量已被剔除。这一过程将持续下去，直到在回归方程中的变量都不能剔除而且又没有新的变量被引入回归方程。

在多元线性逐步回归中，将模拟数据得到的椭圆参数作为自变量，将模拟的日平均土壤水分作为因变量，表 4.2 显示了 Bondville 站点 2001 年 DOY274 模拟数据进行逐步回归的结果。在土壤水分的多元线性逐步回归过程中，椭圆旋转角 θ 是首先被引入的变量，说明它是对土壤水分最敏感的参数；随后被引入的变量为椭圆半长轴 a，此时回归精度显著提高；当进一步引入椭圆中心纵坐标 y_0 时，已经能够获得较高的精度，说明利用这三个椭圆参数反演土壤水分，已能够使土壤水分反演取得满意的精度；当继续引入椭圆中心横坐标 x_0 时，回归精度仍有较为显著的提高，此后再也没有变量被剔除或者引入。最后自行将椭圆半短轴 b 加入回归方程时，发现回归精度并没有明显增加，说明土壤水分对椭圆半短轴 b 并不敏感。

表 4.2　Bondville 站点 2001 年 DOY274 模拟数据土壤水分逐步回归结果

步骤	椭圆参数	R^2	RMSE/（m^3/m^3）
1	θ	0.302	0.066
2	θ, a	0.552	0.053
3	θ, a, y_0	0.888	0.027
4	θ, a, y_0, x_0	0.953	0.017
5	θ, a, y_0, x_0, b	0.954	0.017

根据上述多元线性逐步回归结果，建立了基于 x_0，y_0，a 和 θ 的土壤水分反演方法：

$$SSM = n_1 \times x_0 + n_2 \times y_0 + n_3 \times a + n_4 \times \theta + n_0 \tag{4.8}$$

式中，SSM 是日平均土壤水分，其单位为体积含水量单位（m^3/m^3），x_0，y_0，a 和 θ 是晴天条件下白天地表温度—地表短波净辐射椭圆关系模型中的椭圆参数，分别表示椭圆中心横坐标、中心纵坐标、椭圆半长轴和椭圆旋转角，n_i（$i = 0$、1、2、3、4）是土壤水分反演模型中的模型系数。值得注意的是，在上述土壤水分反演模型中，无须已知土壤质地，只需要获取每天的五个模型系数，便可以基于观测的地表温度与地表短波净辐射日变化数据，反演得到土壤体积含水量。

图 4.2 显示了利用上式反演的土壤水分与模拟的土壤水分。可以清晰地看到土壤水分反演值与模拟值均匀分布在 1：1 线两侧，均方根误差为 0.017 m^3/m^3，两组土壤水分数据的决定系数达到了 0.953。为了进一步探索不同气象条件下上式的稳定性，基于模拟数据反演了其他 7 天的土壤水分，表 4.3 为不同天对应的反演结。从结果来看，尽管每天的模型系数均不同，但土壤水分反演结果均与模拟值较为接近，均方根误差为 0.017~0.033 m^3/m^3，决定系数为 0.815~0.967，表明土壤水分反演方法具有较高的稳定性和精度。这些模拟数据的结果充分说明本研究提出的土壤水分反演方法具有可行性。需要指出的是，由于每天的模拟数据都包含了不同的土壤质地和土壤水分条件，因此，上述基于模拟数据建立的土壤

水分反演模型独立于土壤质地，也就是说，上述遥感时间与光谱信息协同的土壤水分反演方法能够在无须已知土壤质地的情况下实现土壤体积含水量的直接反演。

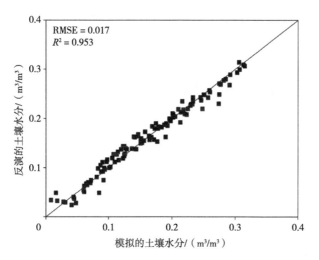

图 4.2　Bondville 站点 2001 年 DOY274 反演与模拟的土壤水分

表 4.3　不同气象条件下土壤水分反演模型系数和精度

年积日	n_1	n_2	n_3	n_4	n_0	R^2	RMSE/（m^3/m^3）
103	0.295	4.170	3.563	0.773	−2.965	0.907	0.023
128	−0.194	3.753	3.206	0.385	−2.233	0.863	0.028
167	−0.152	3.000	2.521	0.195	−1.634	0.942	0.020
192	−0.113	2.984	2.702	0.299	−2.002	0.967	0.017
216	0.036	3.426	2.792	0.531	−2.415	0.835	0.031
248	0.993	3.582	3.142	0.932	−3.256	0.815	0.033
274	1.192	3.224	3.114	0.920	−2.793	0.953	0.017
298	−0.256	4.448	3.869	0.357	−1.989	0.887	0.026
平均	—	—	—	—	—	0.896	0.024

为了进一步说明土壤水分反演方法的可行性，还从美国通量观测网络分别获取了 Audubon Research Ranch 和 Brookings 站点 2010 年 DOY 100 ~ 300 的 66 和 48 个晴天气象数据，并利用这些气象数据驱动 CoLM 生成相应模拟数据，用同样的方法对土壤水分反演模型进行可行性分析。图 4.3 显示了这些站点的土壤水分反演精度情况。从模拟数据结果来看，土壤水分反演值与模拟值的均方根误差在 0.04 m³/m³ 以下，决定系数超过 0.8，表明土壤水分反演方法在不同气象条件下均具有较好的可行性。

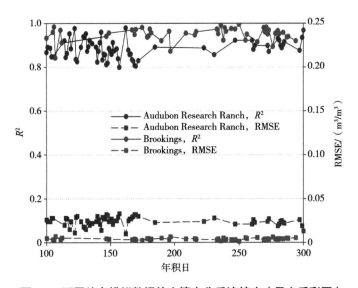

图 4.3 不同站点模拟数据的土壤水分反演精度（见文后彩图）

相比于传统的光学土壤水分遥感反演模型，基于遥感时间与光谱信息协同的土壤水分反演模型主要有以下几个优点：其一，无须已知下垫面土壤质地便能直接获取定量的土壤体积含水量。传统的光学土壤水分遥感反演方法大多只能直接获取表征土壤相对干湿状况的指数，并不能直接反演定量的土壤体积含水量。而且，这些表征土壤相对干湿状况的指数通常与土壤质地耦合在一起。因此，传统光学土壤水分反演方法通常要对土壤体积含水量 / 土壤质地耦合信息进行解耦，才能获取定量的土壤体积含水量；其二，无须利用地面土壤水分实测数据建立其与遥感反演地表参数之间的经验统计关系。传统光学土壤水分遥感反演方法通常只能获取表征土壤相对干湿状况的指数。因此，除了利用土壤质地对土壤体积含水量/土壤质地耦合信息进行解耦之外，利用大量的地面土壤水分观测数据建立其与遥感地表干湿状况参数之间的经验统计关系，是另外一个常用的获取区域尺度土壤体积含水量的方法；其三，充分利用地表参数的时间信息而不是传统瞬时的地表参数来反演土壤水分，在一定程度上能够降低遥感瞬时地表参数误差对土壤水分反演结果带来的不确定性。

4.3   基于椭圆关系模型的土壤水分反演方法实用性分析

值得注意的是，遥感时间与光谱信息协同的土壤水分反演方法虽然是基于裸土发展而来。然而，在实际的应用中，除了沙漠以外，很难找到静止气象卫星像元尺度（MSG 数据空间分辨率约为 3 km）下垫面完全是裸土的地表条件。因此，研究植被对基于椭圆关系模型的土壤水分反演方法的影响，开展土壤水分反演方法的实用性研究更加具有科学意义与应用价值。

对于土壤水分遥感反演来说，植被在大多数情况下都是土壤水分反演的干扰项。无论是在微波遥感，还是在可见光/近红外与热红外遥感里，植被对土壤水分反演的影响无处不在。尤其是在可见光/近红外与热红外遥感中，由于土壤水分在裸土和浓密植被覆盖条件下运移的物理机制截然不同，植被在一定程度上直接决定了土壤水分反演的物理基础和模型方法。在裸土条件下，土壤蒸发是地表土壤水分散失的主要因素，而在浓密植被条件下，植被蒸腾是土壤水分散失的主导因素。因此，对于自然地表，很难建立具有统一模型形式和物理基础直接反演土壤水分的方法。例如，热惯量法虽然被广泛地用来反演土壤水分，但它仅仅适用于裸土和低植被覆盖条件。同样地，将蒸发比转换为土壤水分的经验关系模型在裸土和浅根植被条件下表现更好。除了植被覆盖情况，土壤质地对直接定量反演土壤水分也产生着较大影响。一个很普遍的例子是，热惯量与土壤水分的经验关系中的系数并不唯一，而是随着土壤质地的变化而变化。此外，被广泛用来获取植被覆盖条件下土壤水分的特征空间法以及基于特征空间模型发展的各类指数，实际上并不能直接得到定量的土壤体积含水量，仍然需要大量的土壤水分实测数据进行率定或者通过土壤质地信息进行土壤体积含水量与土壤质地信息的解耦。

在自然地表条件下，不同植被覆盖条件下表层土壤水分变化的复杂性以及遥感地表参数中包含的复杂的下垫面信息，导致当前很难发展一种具有统一的模型形式和物理机制且适合自然地表条件（植被与土壤质地连续变化）的土壤水分定量反演模型。考虑到基于椭圆关系模型的土壤水分反演方法独立于土壤质地的优势，进一步深入探讨植被对该土壤水分反演方法的影响，探索其在自然地表条件的实用性，为基于静止气象卫星数据反演区域尺度土壤水分提供支撑。

与裸土条件下基于椭圆关系模型的土壤水分反演方法一致的是，仍然主要采用 Bondville 站点 2001 年间隔均匀的 8 个晴天的气象数据驱动 CoLM 模型，进而探索自然地表植被和土壤质地连续变化条件下土壤水分的反演问题。

由于陆面过程模型 CoLM 分别模拟了植被（冠层）温度和裸土表层温度，根据植被覆盖度，地表温度可以由下面的公式得到：

$$\text{LST} = [\text{FVC} \times T_c^4 + (1 - \text{FVC}) \times T_s^4]^{1/4} \tag{4.9}$$

式中，LST 是地表温度（K）；FVC 是植被覆盖度；T_c 和 T_s 分别是冠层温度和表层土壤温度（K）。

在 CoLM 模拟过程中，将地表覆盖类型设置为草地，并使植被覆盖度从 0 到 1 以 0.1 的步长均匀变化。在对 CoLM 进行初始化的时候，针对每一种植被覆盖度，根据 FAO 的土壤质地分类标准，对每种土壤质地的土壤水分从凋萎系数到田间持水量均匀采样。图 4.4 显示了 DOY274 模拟的 5 个模型系数随植被覆盖度的变化情况以及相应的土壤水分反演精度情况。从图中可以清晰地得出，当植被覆盖度从 0 增加到 0.7 时，模型系数较为稳定；而当植被覆盖度超过 0.7 后，模型系数开始发生剧烈变化。与模型系数对应的模型精度随植被覆盖度的变化情况也呈现出相似的变化规律。

当植被覆盖度从 0 增加到 0.7 时，模型精度呈现规律降低的趋势；而当植被覆盖度超过 0.7 后，模型精度的变化也十分剧烈。考虑到自然地表除森林等少数生态系统类型之外，绝大多数情况下植被覆盖度在 0.7 以下，对基于椭圆关系模型的土壤水分反演方法在自然地表的实用性充满了信心。

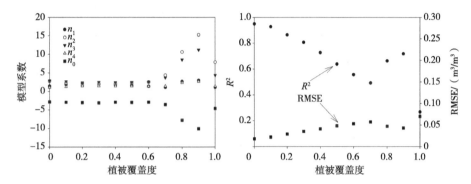

图 4.4　不同植被覆盖度下的模型系数图与土壤水分反演精度变化情况

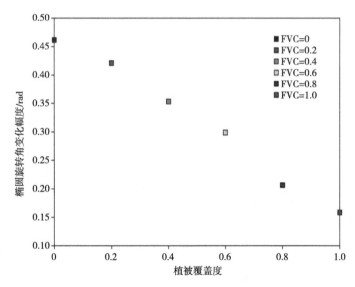

图 4.5　壤土在不同的植被覆盖度下对应的椭圆旋转角的变化情况（见文后彩图）

从模拟数据的角度出发，随着植被覆盖度的增加，地表温度和地表短波净辐射中来自土壤的贡献越来越小，也就是地表温度—地表短波净辐射椭圆关系模型中的模型参数所代表的意义不再仅限于土壤和土壤水分，还包括植被的部分。当植被覆盖度超过某个阈值时，在裸土条件下独立于土壤质地的土壤水分反演模型有可能不再完全独立于土壤质地了。也就是说，在这种情形下，植被对表层土壤水分反演模型的影响越来越显著，模型的精度也随着植被覆盖度的增加呈现规律的下降趋势。而在浓密植被覆盖条件下（植被覆盖度大于 0.7），由于椭圆关系模型参数包含的土壤的信息变得十分微弱，模型系数与模型精度呈现出不规律的变化特征，在这种情况下已经不适合利用裸土表层土壤水分反演模型的模型形式和椭圆参数来反演表层土壤水分。

从理论上来说，在浓密覆盖条件下（植被覆盖度大于 0.7），遥感观测的地表温度将主要由植被的冠层温度贡献。然而，一般来说，植物在自然状态下能够通过其强大的生理功能维持较为稳定的冠层温度。因此，在相同的气象条件下，植被冠层温度不会像土壤温度那样变化剧烈。此外，随着植被覆盖度的增大，白天地表温度—地表短波净辐射的椭圆关系模型的椭圆参数（x_0，y_0，a，b，θ）包含的土壤的信息也会随之减少，这便导致在植被覆盖度越大的情况下，表层土壤水分对椭圆参数的敏感性也越低，从而不利于反演表层土壤水分。以椭圆旋转角 θ 为例，图 4.5 显示了壤土（Loam）在相同的初始土壤水分条件（凋萎系数到饱和含水量变化）下对应的椭圆旋转角 θ 的变化范围。从该模拟结果中可以清楚地知道，随着植被覆盖度的增大，椭圆旋转角的变化范围越来越小。对于利用遥感数据反演土壤水分来说，浓密植被覆盖条件对应的较窄的椭圆旋转角变化范围将对表层土壤水分反演结果造成较大的不确定性。

综上所述，植被覆盖度对土壤水分存在一定影响，随着植被覆盖度的增加，土壤水分反演的精度逐渐降低。然而，当植被覆盖度在普遍的区间变化时，裸土条件下的土壤水分反演方法无论是在模型系数还是反演精度上都从整体上表现出一致的变化规律，这为进一步探究植被对土壤水分反演的影响、发展利用统一的模型反演自然地表条件下的土壤水分提供了支撑。此外，由于在浓密植被覆盖条件下（植被覆盖度大于 0.7），地表参数所反映的信息中很大一部分将是来自植被，其中包含的土壤的信息将变得十分微弱，在这种情况下，利用有限的信息定量反演表层土壤水分将变得极其困难。综合模拟数据情况和实际分析结果，以植被覆盖度0~0.7的变化范围为自然地表植被覆盖变化范围。

　　仍然以DOY274的模拟数据为例，图4.6显示了几种典型土壤质地对应的土壤水分与椭圆旋转角之间的散点图及其拟合情况。值得注意的是，对于每一种土壤质地，土壤水分与椭圆旋转角的散点包含了不同的植被覆盖情况（植被覆盖度范围0~0.7），也就是说，图中对每一种土壤质地对应的土壤水分与椭圆旋转角的拟合关系都是独立于植被覆盖度的。对于黏土含量低于30%的土壤质地（Sand、Silt Loam和Sandy Clay Loam，红色标记），土壤水分与椭圆旋转角之间表现出较为显著的指数关系；而当土壤中黏土含量高于30%时（Silty Clay Loam、Sandy Clay和Clay，蓝色标记），土壤水分与椭圆旋转角之间整体上呈现出一定的线性关系。显然，在植被覆盖度从0到0.7变化时，土壤水分与椭圆旋转角在黏土含量30%这个临界点的两端呈现出完全不同的变化规律，这很可能是导致基于椭圆关系模型的土壤水分反演方法在植被覆盖度从0到0.7变化时不能完全消除土壤质地差异影响的原因。在这里，基本上有了这样一个判断：在某个范围内，基于统一的椭圆关系模型及其系数反演土壤水分是可行的。值得强调的是，

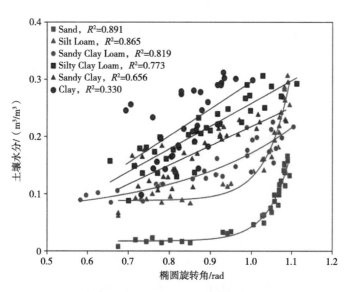

图4.6　表层土壤水分和椭圆旋转角在不同土壤质地下的散点图（见文后彩图）

植被覆盖度0~0.7的变化范围几乎包含了除浓密植被覆盖以外所有的自然地表植被覆盖的变化状况。而对于土壤质地来说，根据当前国际上常用的全球土壤数据集，包括GSDE（Global Soil Dataset for use in Earth System Models）和HWSD（Harmonized World Soil Database）等，除了热带雨林和一些森林生态系统，陆地上绝大部分的土壤中黏土含量都不超过30%。因此，基于模拟数据探讨的自然地表条件（植被覆盖度不超过0.7，土壤中黏土含量不超过30%）实际上具有较为广泛的代表性。

有了这样的基本判断之后，将FAO土壤质地分类分为三组进行模拟，分别用Ⅰ、Ⅱ和Ⅲ来表示，其中Ⅰ代表FAO的12种土壤质地，Ⅱ表示黏土含量低于30%的7种土壤质地（No.1~7），Ⅲ为黏土含量高于30%的5种土壤质地（No.8~12）。值得注意的是，在这3组土壤质地条件的模拟数据中，植被覆盖度的范围均是从0变化到0.7。由于裸土条件下土壤水分反演方法独立于土壤质地，为了证实裸土条件下的土壤水分反演方法在植被覆盖地区的适用性，并实现用统一的模型形式和模型系数直接定量反演自然地表植被和土壤质地连续变化条件（植被覆盖度不超过0.7，土壤中黏土含量不超过30%）的土壤水分的目标，用裸土条件下得到的每天5个模型系数来反演上述3组土壤质地组合条件下的土壤水分。图4.7显示了Bondville站点2001年同样的8个晴天条件下上述3组土壤质地条件的土壤水分反演精度状况。从图中可以清晰地看出，第2组土壤质地条件无论是在决定系数还是在均方根误差上都表现最好，其精度显著高于其他2组，而且表现较为稳定，在这8天中，反演与模拟的土壤水分的决定系数在0.8左右，均方根误差在0.04 m³/m³左右。在其他2组土壤质地中，土壤水分的反演精度变化不太稳定，尤其是第3组，表层土壤水分的反演精度最差，说明原来裸土条件下的土壤水分反演方法在这种植被覆盖度与土壤质地条件下的适用性较差。

基于以上分析，在较为有代表性的自然地表（即植被覆盖度不超过0.7，土壤中黏土含量不超过30%），基于椭圆关系模型的土壤水分反演方法仍然有较好的适用性。尤其是，针对这种自然地状况，在保持模型形式和模型系数不变的情况下，土壤水分反演精度仍能达到0.04 m³/m³。考虑到上述地表条件在自然界中较为普遍地存在，初步判定，利用统一的模型表达形式和具有物理机理的模型来定量反演自然地表植被和土壤质地变化条件下的土壤水分是可行的，这是相比于现有大多数土壤水分遥感反演方法来说更为先进的地方。

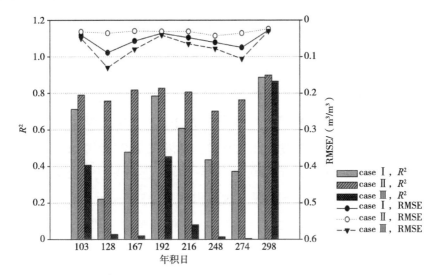

图4.7 3种不同的土壤质地条件下土壤水分反演精度情况

4.4 面向实际应用的模型系数计算方法

尽管遥感时间与光谱信协同的土壤水分反演方法表现出显著的优点，但如何方便地获取每天的模型系数仍然是该方法面向实际应用时亟须解决的问题。大量的模拟研究证实了模型系数只与每天的气象条件有关，但目前为止，并没有建立模型系数与气象数据之间明确的数学表达关系。尽管利用陆面过程模型可以模拟得到每天的模型系数，但这种模型系数的获取方式显然并不实用：一是陆面过程模型需要连续而严格的气象输入项，而气象观测数据在连续性和完整性上不一定总是能够满足陆面过程模型模拟的需求，且模型系数的计算过程烦琐，不适用于该土壤水分反演方法的实际应用；二是区域尺度气象条件通常表现出强烈的空间异质性，导致模型系数的适用范围有限，不利于大范围土壤水分反演。对此，拟充分挖掘气象数据与模型系数的内在联系，发展更实用和直接的模型系数计算方法，有效降低模型系数计算对气象数据的依赖，最大程度地实现土壤水分反演模型系数的遥感估算。

4.4.1 基于实测数据的模型系数率定方法

选择西班牙 Duero 盆地中部的 REMEDHUS 土壤水分观测网络为研究区，基于欧洲第二代静止气象卫星 MSG（Meteosat Second Generation）数据，探索基于实测数据的模型系数率定方法。REMEDHUS 土壤水分观测网络的地形较为平坦（坡度小于 10%），海拔在 700~900 m，为典型的陆地半干旱型地中海气候，年降水量和年平均气温分别为 385 mm 和 12℃。REMEDHUS 土壤水分观测网络占地面积约为 1 300 km²（41.1°~41.5°N，5.1°~5.7°W），在此区域内，共设有 24 个观测站点对表层（0~5 cm）土壤水分进行连续观测，时间步长为 1 h。REMEDHUS 土壤水分观测网络被广泛地用来验证和校正不同尺度的遥感土壤水分产品、验证水量平衡模型以及开展土壤水分的尺度效应的研究等，是国际上开展土壤水分相关研究的典型观测网络。基于此，REMEDHUS 土壤水分观测网络的土壤水分观测值具有较高的精度和一定的空间代表性。从国际土壤水分观测网络 ISMN（International Soil Moisture Network）下载了 2010 年 REMEDHUS 土壤水分观测数据。在此时间段内，有 19 个站点具有有效的土壤水分观测数据，这些站点的分布情况如表 4.4 所示。

表 4.4 西班牙 REMEDHUS 土壤水分观测网络站点详细信息

站名	砂土 /%	粉土 /%	黏土 /%	经纬度
F06	67.19	13.70	19.11	41.374 55°N，5.547 14°W
F11	81.52	11.97	6.51	41.240 40°N，5.542 91°W
H07	85.10	9.64	5.26	41.350 04°N，5.488 91°W
H09	19.78	44.99	35.23	41.290 50°N，5.434 02°W

表4.4 （续）

站名	砂土/%	粉土/%	黏土/%	经纬度
H13	70.36	11.45	18.19	41.183 81°N，5.475 72°W
I06	89.81	5.93	4.26	41.382 51°N，5.427 86°W
J03	85.05	11.26	3.69	41.457 03°N，5.409 64°W
K04	87.09	9.27	3.64	41.425 29°N，5.372 67°W
K09	74.36	15.00	10.64	41.306 90°N，5.359 25°W
K10	91.16	5.71	3.13	41.266 11°N，5.379 72°W
K13	62.22	18.21	19.57	41.197 20°N，5.358 61°W
L03	82.25	6.44	11.31	41.447 65°N，5.357 34°W
L07	46.80	20.78	32.42	41.358 73°N，5.329 77°W
M05	81.64	8.31	10.05	41.395 08°N，5.320 10°W
M09	49.83	24.89	25.28	41.286 62°N，5.298 68°W
M13	3.57	32.04	64.39	41.201 70°N，5.270 85°W
N09	62.46	16.78	20.76	41.301 26°N，5.245 69°W
O07	78.84	13.47	7.69	41.347 78°N，5.223 61°W
Q08	86.07	5.68	8.25	41.313 59°N，5.160 05°W

选择 REMEDHUS 土壤水分观测网络作为研究区的另一个重要原因是基于对 MSG 地表产品的考虑。MSG 是当前应用最为广泛的静止气象卫星数据之一。在 MSG 数据的基础上，欧洲气象卫星组织已经开发了一系列成熟的业务化运行的数据产品，当前已经广泛地应用在陆地表层、陆气交换以及地球生物圈等的研究和应用中（http://landsaf.meteo.pt/）。使用的 MSG 产品主要包括地表温度（时间分辨率 15 min）、下行短波辐射（时间分辨率 30 min）和地表反照率（日尺度）。其中，地表温度产品基于 MSG 的 IR10.8 和 IR12.0 波段，采用通用分裂窗算法反演得到；下行短波

辐射和地表反照率产品的计算则利用了 MSG 的 3 个可见光和近红外波段（VIS0.635、VIS0.8 和 NIR1.6）的信息。详细的产品用户手册可以参阅 MSG 数据产品网站的介绍（http://landsaf.meteo.pt/）。从 2010 年的 MSG 产品中，选择了 72 个晴天来进行研究。需要强调的是，这些被选择的晴天需要满足这样的条件：同一天中，MSG 数据产品（地表温度、下行短波辐射和地表反照率）在所有的土壤水分观测站点所属的 MSG 像元均具有有效值。

为了更好地分析土壤水分反演方法的精度，利用 Zhao and Li（2013）土壤水分反演方法进行对比。Zhao and Li（2013）模型和时间与光谱信息协同的土壤水分反演方法均利用了地表温度与地表短波净辐射的时间变化信息来反演土壤水分，不同之处在于 Zhao and Li（2013）方法主要基于上午时段的地表参数时间变化信息（称为 mid-morning model），而则利用整个白天的地表参数时间变化信息（称为 daytime model）。考虑到研究区气象数据缺乏，导致无法利用陆面过程模型来模拟每天的模型系数。基于实测数据的模型系数率定方法来获取每天的模型系数。根据时间与光谱信息协同的土壤水分反演方法可知，要获取每天的 5 个模型系数，至少需要 5 个独立的方程。由此，利用研究区内 CCI 像元外部的 8 个站点（F06、F11、H13、K13、M13、N09、O07 和 Q08）数据，通过最小二乘法拟合得到每天的模型系数。然后，利用 CCI 像元内部的 11 个站点（H07、H09、I06、J03、K04、K09、K10、L03、L07、M05 和 M09）数据来验证土壤水分反演精度。图 4.8 为基于实测数据的模型系数率定方法流程图。

图 4.9 为基于实测数据率定的土壤水分反演结果与实测值的对比结果。从该结果来看，Zhao and Li（2013）模型与本研究提出的时间与光谱信息协同的土壤水分反演方法均能很好地反映土壤水分的变化，反演的土壤水分的均方根误差分别为 0.042 m^3/m^3 和 0.031 m^3/m^3。此外，本研究提出的时间与光谱信息协同的土壤水分反演方法得到的土壤水分与实测值之间的决定系数达到了 0.819，表明基于实测数据率定的模型系数能够较好地用来反演像元尺度土壤水分。

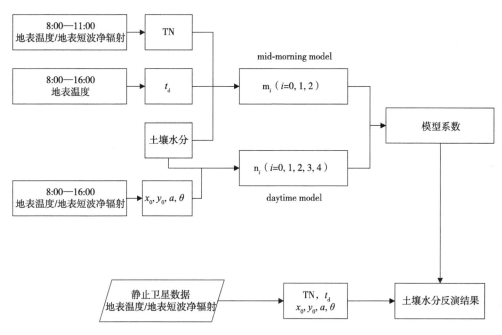

图4.8　基于实测数据的模型系数率定方法流程图

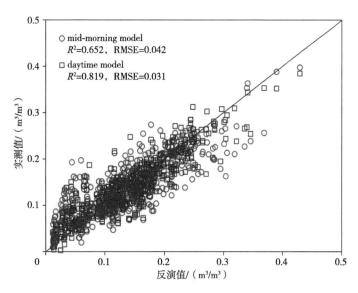

图4.9　基于实测数据率定的土壤水分反演结果与实测值散点图

进一步，利用率定的系数，反演了研究区 ESA-CCI 像元内部 MSG 像元尺度的土壤水分，并分别利用微波土壤水分产品和 ESA-CCI 像元内部土壤水分观测数据对反演结果进行评价。图 4.10 显示了分别利用 ESA-CCI 土壤水分产品和 11 个站点实测的平均土壤水分对反演结果进行验证的结果，表 4.5 为相应的评价指标。从上述结果来看，Zhao and Li（2013）模型与本研究提出的时间与光谱信息协同的土壤水分反演方法均能够较好地反映像元尺度土壤水分变化。综合来看，本研究提出的时间与光谱信息协同的土壤水分反演方法精度更高。

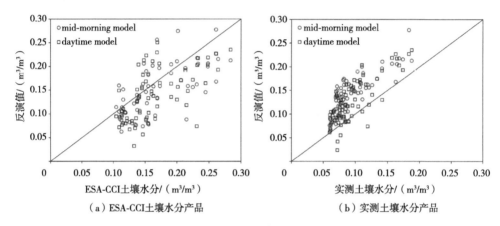

（a）ESA-CCI土壤水分产品　　　　（b）实测土壤水分产品

图 4.10　土壤水反演结果与参考土壤水分的散点图

表 4.5　土壤水分反演精度评价

土壤水分 反演模型	基于 ESA-CCI 土壤水分产品			基于土壤水分实测值		
	R^2	bias	RMSE	R^2	bias	RMSE
mid-morning model	0.419	−0.020	0.046	0.675	0.044	0.050
daytime model	0.379	−0.025	0.051	0.614	0.032	0.043

4.4.2　基于历史气象数据的模型系数计算方法

从基于陆面过程模型模拟数据建立时间与光谱信息协同的土壤水分反演方法的过程可知，每天的模型系数仅依赖于当天的气象条件，并且可以通过气象数据驱动陆面过程模型生成的模拟数据进行计算。尽管如此，到目前为止并不知道土壤水分反演模型系数与气象数据之间明确的数学表达关系。为此，收集了不同地区和不同气候类型条件下长时间序列气象数据，利用其驱动陆面过程模型生成模拟数据，进而分析模拟数据计算的模型系数与气象数据之间可能存在的内在联系，试图建立模型系数与气象数据之间明确的数学表达关系，进而发展利用遥感易获取的气象因子直接计算模型系数的实用方法，解决原来土壤水分反演模型系数需借助大量模拟数据间接计算的局限，最大程度实现模型系数与土壤水分的遥感估算。图 4.11 为具体的研究流程图。

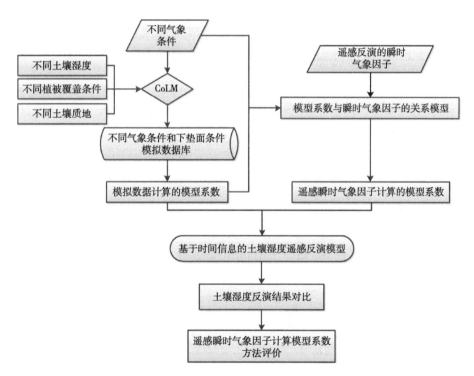

图 4.11　模型系数的实用计算方法流程图

从美国通量观测网络下载了三个站点多年的气象数据进行研究，这三个通量站的基本信息如表 4.6 所示。

表 4.6　美国通量观测网络三个研究站点简介

站名	经纬度	高程 /m	土地覆盖类型	气候类型	数据年限
Audubon Research Ranch	31.590 7°N, −110.509 2°W	1 469	desert grassland	temperate arid	2003—2011 年
Brookings	44.345 3°N, −96.836 2°W	495	range grassland	humid continental	2004—2010 年
Santa Rita Mesquite	31.821 4°N, −110.866 1°W	1 118	open shrublands	subtropical	2004—2012 年

　　将土壤水分反演方法中的模型系数分为时间不变系数和时间变化系数。其中，时间不变系数在同一个研究区是固定的，不随时间的变化而变化；而时间变化系数可以定量化表达为遥感可反演参数的函数。做出这一设想的根据是在之前的研究中，发现四个椭圆参数对应的系数在不同的气象条件下变化较为稳定，而常数项系数变化较为显著。根据这一设想，可以有效解决原来时间与光谱信息协同的土壤水分反演方法中模型系数需要借助大量模拟数据间接计算的局限，有效避免了模型面向实际应用时对实时气象条件的依赖，为土壤水分全遥感反演提供了一种切实可行的理论框架。

　　假定 n_i（$i = 1，2，3，4$）为时间不变系数，且可以利用历史气象数据模拟得到：

$$\overline{n_i} = \frac{\sum\limits_{j=1}^{m} n_{i,j}}{m} \quad (i = 1，2，3，4) \tag{4.10}$$

　　式中，$\overline{n_i}$ 为时间不变系数，取历史气象数据模拟的每天的相应模型系数的平均值，$n_{i,j}$（$i = 1，2，3，4$）为模拟的第 j 天的模型系数 n_i，m 是模型的历史气象数据天数。

　　根据上面的假设，每天的时间变化系数 n_0 可以表示为：

$$n_{0,\,\text{new}} = \dfrac{\displaystyle\sum_{k=1}^{A} SSM_{sim,\,k} - \sum_{k=1}^{A}(\overline{n_1} \times x_{0,\,k} + \overline{n_2} \times y_{0,\,k} + \overline{n_3} \times a_k + \overline{n_4} \times \theta_k)}{A} \qquad (4.11)$$

式中，$n_{0,\,\text{new}}$ 是时间变化系数，A 是总的模拟的不同情形的数量，$SSM_{sim,\,k}$ 是每种模拟情形对应的日平均土壤水分，$x_{0,\,k}$、$y_{0,\,k}$、a_k 和 θ_k 是第 k 种模拟情况对应的椭圆参数。

把每个站点的气象数据分为两个部分，一部分用来标定模型系数，另一部分用来反演土壤水分。表 4.7 显示了这三个通量站分别用来标定模型系数和反演土壤水分的晴天数量及分布年份。

表 4.7　三个通量站点晴天数据使用情况

站点名称	标定		反演	
	年	晴天数量 /d	年	晴天数量 /d
Audubon Research Ranch	2003—2008	426	2009—2011	193
Brookings	2004—2008	265	2009—2010	85
Santa Rita Mesquite	2004—2009	482	2010—2012	243

图 4.12 显示了原来土壤水分反演精度与基于历史气象数据的模型系数计算方法反演的土壤水分精度情况。从图中可以看出，原来土壤水分反演的均方根误差为 0.04 m^3/m^3，表明利用每天模拟得到的模型系数反演土壤水分能够获得较高的精度。利用基于历史气象数据的模型系数计算方法对模型系数进行标定后，土壤水分反演精度整体上有所降低，但仍有超过 70% 的情况下，土壤水分反演的均方根误差为 0.04 m^3/m^3。除此之外，只要少数晴天条件下，改进后的土壤水分反演的均方根误差超过了 0.06 m^3/m^3。在这三个站点，总体的均方根误差为 0.038 m^3/m^3、0.039 m^3/m^3 和 0.033 m^3/m^3。这些结果表明，利用基于历史气象数据的模型系数计算方法获取的模型系数，能够较好地估算土壤水分。

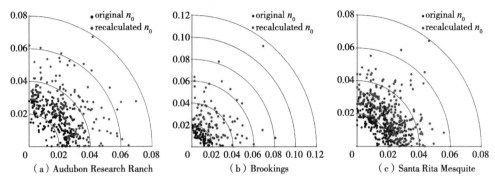

图4.12 原来土壤水分反演模型（original n_0）与改进后的模型（recalculated n_0）反演的土壤水分在不同站点的精度情况（单位：m^3/m^3）（见文后彩图）

从上述结果来看，在利用历史气象数据获取模型时间不变系数之后，模型仍然能够获得较高精度的土壤水分反演值。进一步，继续探索在确定时间不变系数的前提下，如何利用简单的气象因子估算模型时间变化系数。考虑到模型系数主要依赖于每天的气象条件，对模型时间变化系数与气象因子做了相关性分析。具体地，选择了能够描述白天气象条件变化的典型的气象因子，这些气象因子包括6：00太阳辐射、白天最大太阳辐射、平均气温、6：00风速、平均风速、平均气压与平均相对湿度。相关性分析结果如表4.8所示。

表4.8 反演阶段时间变化系数与气象因子之间的相关性分析

站名名称	时间变化系数	6：00太阳辐射	最大太阳辐射	平均气温	6：00风速	平均风速	平均气压	平均相对湿度
Audubon Research Ranch	n_0	0.279	0.363	0.235	0.320	0.322	0.115	0.348
	$n_{0,\ new}$	0.638	0.961	0.221	0.556	0.230	0.468	0.354
Brookings	n_0	0.119	0.247	0.063	0.155	0.074	0.060	0.167
	$n_{0,\ new}$	0.737	0.987	0.469	0.154	0.127	0.342	0.159
Santa Rita Mesquite	n_0	0.517	0.618	0.567	0.233	0.061	0.360	0.213
	$n_{0,\ new}$	0.409	0.988	0.272	0.348	0.037	0.456	0.255

　　从上述相关性分析结果来看，原来模型时间变化系数与这些气象因子都没有特别显著的相关关系，这也是无法直接利用气象因子计算模型时间变化系数的原因。然而，改进后的时间与光谱信息协同的土壤水分反演方法中时间变化系数与每天最大太阳辐射之间存在着十分显著的相关关系，在这3个站点的相关系数分别为0.961、0.987和0.988。表明有可能建立时间变化系数与白天最大太阳辐射之间定量的线性关系意味着在实际应用中，时间与光谱信息协同的土壤水分反演方法的时间变化系数能够直接利用白天最大太阳辐射进行计算，这便大大简化了时间与光谱信息协同的土壤水分反演方法中系数的获取，为该方法的实际应用奠定了坚实的基础。

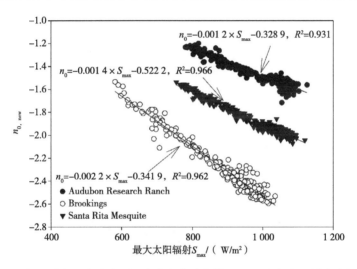

图 4.13　标定阶段三个站点时间变化系数（纵轴，$n_{0,\ new}$）与白天最大太阳辐射
（横轴，**Maximum solar radiation**）的散点图

　　进一步，得出了标定阶段时间变化系数与白天最大太阳辐射之间的散点图（图 4.13）。从图中可以看出，时间变化系数与白天最大太阳辐射之间存在十分显著的线性关系。图 4.13 同时给出了这三个站点对应的时间变化系数与白天最大太阳辐射的定量线性关系。需要强调的是，这些线性关系是基于历史气象数据模拟得到的。在此基础之上，利用这些定量的线性关系和反演阶段的白天最大太阳辐射，计算了反演阶段每天的时间变化系数。这些计算的时间变化系数与反演阶段模拟的时间变化系数的散点图如

图 4.14 所示。显然，基于历史气象数据预测的时间变化系数与模拟的时间变化系数的散点均匀分布在 1：1 线附近，二者之间的决定系数达到了 0.993。说明基于历史气象数据获得的模型时间变化系数与白天最大太阳辐射之间的线性关系，可以很好地应用于土壤水分的定量反演。需要强调的是，这些线性关系仅仅基于历史气象数据便能获得，而在应用土壤水分反演模型时，只需要知道白天最大太阳辐射，便能基于线性关系方便地计算模型时间变化系数，从而能够最大限度地减少模型变化系数的获取对气象数据的依赖。

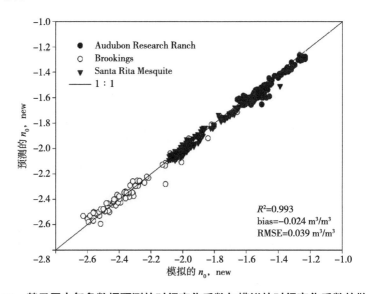

图 4.14　基于历史气象数据预测的时间变化系数与模拟的时间变化系数的散点图

从前面的论述可知，时间与光谱信息协同的土壤水分反演方法中的时间变化系数与白天最大太阳辐射之间存在显著的线性关系，可以表示为：

$$n_{0, \text{new}} = p \times S_{\max} + q \qquad (4.12)$$

式中，$S_{\max}$ 是白天最大太阳辐射；p 和 q 是线性关系中的系数。

显然，目前存在两种方法来获取线性关系和模型时间不变系数：第一种方法是首先利用历史气象数据确定模型固定系数，然后得到估算模型时间变化系数的线性关系，这是一种分"两步"计算的方法；第二种方法便是同步获取模型时间不变系数与线性关系中系数 p 和 q。在第二种方法中，时间与光谱信息协同的土壤水分反演方法可以表示为：

$$SSM = \overline{n_1} \times x_0 + \overline{n_2} \times y_0 + \overline{n_3} \times a + \overline{n_4} \times \theta + p \times S_{max} + q \qquad (4.13)$$

分析了不同系数获取方式对应的土壤水分反演精度。图 4.15 是基于模拟数据的结果，其中 case Ⅰ 对应上述第一种系数获取方法，case Ⅱ 对应第二种系数获取方法。从结果来看，两种方法的精度相当，在这三个站点的平均均方根误差为 0.045 m³/m³ 和 0.042 m³/m³，表明利用历史气象数据获取的模型系数反演土壤水分是可行的。

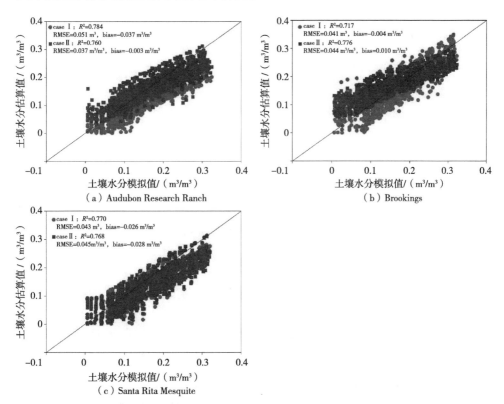

图 4.15 不同系数获取方式对应的土壤水分反演结果与模拟的土壤水分（见文后彩图）

进一步，在模拟数据的基础上，利用禹城农田生态系统国家野外科学观测研究站 2009 年和 2010 年的气象数据和土壤水分观测数据来验证改进的土壤水分反演方法的精度。具体地，把 2009 年的气象数据作为标定期，2010

年 29 个晴天的数据作为反演期。图 4.16 为偏差校正后这两种方法反演的土壤水分与实测值的散点图。从图中可以看出，经过偏差校正之后，这两种方法反演的土壤水分与实测值表现出较好的相关关系，其中，同步获取模型系数的方法反演的土壤水分与实测值的均方根误差为 0.061 m³/m³，显示出较高的精度。这些研究结果说明，利用历史气象数据获取的模型时间不变系数和估算模型变化系数的线性关系可以用来反演土壤水分。

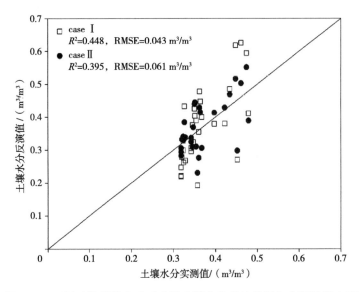

图 4.16　不同系数获取方式对应的土壤水分反演结果与实测值散点图

4.4.3　不同土壤水分数据的模型系数标定对比分析

目前，应用基于时间与光谱信息协同的土壤水分反演方法的一个重要先决条件是获取模型系数。尽管探索了两种模型系数标定方法，但是，考虑到区域尺度时空连续的气象数据并不容易获取，尝试利用现有土壤水分产品数据进行模型系数的标定。这些土壤水分产品包括微波土壤水分、土壤水分再分析数据以及土壤水分加密观测网络。仍然选择西班牙 Duero 盆地中部的 REMEDHUS 土壤水分观测网络为研究区，以研究区中包含 11 个土壤水分观测站的 CCI 像元为研究对象。图 4.17 显示了该 25 km × 25 km

像元内三种土壤水分的时间序列数据。这三种数据分别是 CCI 微波土壤水分产品、ERA-Interim 土壤水分再分析数据以及 11 个均匀分布的土壤水分观测站土壤水分的平均值。从图 4.17 可知，不同的土壤水分数据虽然具有较好的相关关系，但它们的绝对量之间存在着明显差异。其中，在同一天，ERA-Interim 土壤水分再分析数据整体拥有最大的量值，CCI 微波土壤水分产品值居中，而土壤水分观测站点平均值表征的土壤水分值最小。

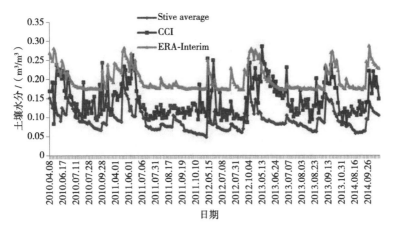

图 4.17　西班牙 REMEDHUS 地区给定微波像元内不同土壤水分时间序列数据（见文后彩图）

　　分别利用这三种土壤水分数据来标定时间不变系数以及时间变化系数与白天最大太阳辐射线性关系的系数。图 4.18 是利用 2010—2015 年土壤水分数据标定的结果，从该结果来看，利用不同土壤水分数据标定的系数均能较好地反演土壤水分。其中，ERA-Interim 土壤水分再分析数据标定的土壤水分反演模型表现出最高的精度，决定系数和均方根误差分别为 0.708 和 0.017 m^3/m^3；CCI 土壤水分产品标定的土壤水分反演模型精度相对较低，其决定系数和均方根误差分别为 0.418 和 0.034 m^3/m^3。

　　相应地，利用标定的时间序列土壤水分反演模型来反演 2009 年和 2015 年的土壤水分，结果如图 4.19 所示。从结果来看，反演的土壤水分与实际土壤水分数据较为吻合，不同的土壤水分数据标定的时间信息土壤水分反演模型均能获得较高的土壤水分反演精度，bias 均不超过 0.01 m^3/m^3。其中，ERA-Interim 土壤水分再分析数据标定的土壤水分反演模型表现出最高的精度，决定系数和均方根误差分别为 0.534 和 0.02 m^3/m^3。

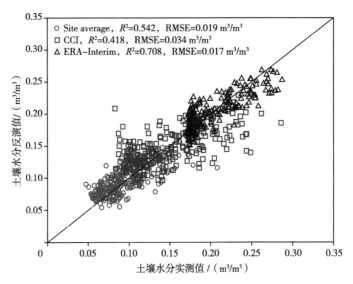

图 4.18　基于不同土壤水分数据标定的时间序列土壤水分反演结果与实际土壤水分

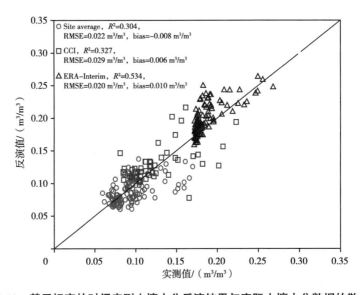

图 4.19　基于标定的时间序列土壤水分反演结果与实际土壤水分数据的散点图

考虑到上述结论是在较粗空间分辨率的 CCI 像元尺度上分析而来的。进一步，利用标定的系数反演了 MSG 像元尺度土壤水分，并与站点实测土壤水分进行了对比，表 4.9 显示了 2009 年和 2015 年反演的 MSG 像元尺度土壤水分与土壤水分观测站点实测值的结果。从结果来看，利用标定后的时间序列土壤水分反演模型，能够获得较高精度的时间序列土壤水分，反演的 MSG 像元尺度土壤水分经过偏差校正后，均方根误差能够达到 $0.021 \sim 0.048\ \mathrm{m^3/m^3}$，表现出较高的精度，这说明利用现有土壤水分数据对模型系数进行标定能够满足实际应用需求。

表 4.9　MSG 像元尺度土壤水分反演值与实测值的对比

站点	土地覆盖类型	R^2	RMSE	bias	ubRMSE
F06	Vineyard	0.143	0.072	−0.054	0.048
F11	Rainfed Cereals	0.317	0.066	0.063	0.021
H13	Rainfed Cereals	0.229	0.045	−0.013	0.043
M13	Forest-Pasture	0.534	0.083	−0.081	0.021
N09	Rainfed Cereals	0.179	0.081	−0.074	0.033
O07	Rainfed Cereals	0.156	0.059	0.053	0.026

注：ubRMSE 为经过 bias 校正之后的均方根误差；RMSE、bias 和 ubRMSE 的单位为 $\mathrm{m^3/m^3}$。

4.5　本章小结

传统光学土壤水分遥感反演方法直接获取的地面信息实际上是表征地表相对干湿状况的指标，它通常是土壤体积含水量与土壤质地的耦合信息，而不是各领域所迫切需求的、直接的、定量的土壤体积含水量。考虑到区域尺度土壤质地更是公认的难以准确获取的参数，从光学遥感反演结果中分离土壤体积含水量十分困难。目前，常通过建立光学遥感反演的地表相对干湿状况指标与地面土壤体积含水量实测数据之间的统计关系来获取区域尺度土壤水分时空分布。然而，统计关系在时空上不具有普适性，在无地面资料或缺乏地面资料地区无法应用。

针对上述问题，在土壤水分反演中，创新性地引入了全新的遥感"时间信息"，从理论上揭示了白天地表温度与地表短波净辐射组成的特征空间随时间变化的轨迹呈椭圆关系，解析了椭圆形状随土壤体积含水量变化的物理机理，首创了遥感光谱与时间信息协同的土壤水分反演"椭圆法"。"椭圆法"不仅突破了传统光学遥感仅利用光谱或空间信息反演土壤水分的认知，完善了土壤水分光学遥感反演的方法体系，而且通过引入全新的时间信息，解决了土壤体积含水量与土壤质地解耦的难题，在无须已知土壤质地条件下实现了土壤体积含水量的光学遥感直接反演。该方法无须建立遥感可反演参数与土壤水分实测值之间的统计关系，使得土壤水分的光学遥感反演在缺乏或无地面实测值区域的实际应用成为可能。

更重要的是，探索了利用具有物理基础和统一的模型形式的模型直接定量反演自然地表植被与土壤质地连续变化条件下的表层土壤水分的可能性。在建立的裸土表层土壤水分反演模型的基础上，基于模拟数据的分析，在保持模型形式和模型系数不变的前提下，成功地将裸土表层土壤水分反演模型扩展到较为普遍的自然地表（植被覆盖度变化范围为 0 ~ 0.7，土壤中黏土含量低于 30%），初步实现了在自然地表植被覆盖度与土壤质地连续变化条件下利用具有物理基础和统一形式的模型来直接定量反演表层土壤体积含水量的目标。基于模拟数据、实测数据以及实际的静止气象卫星数据的分析表明，提出的表层土壤水分反演模型在定量反演区域表层土壤水分方面具有较好的应用潜力。

最后，考虑到每天的模型系数必须在完整的气象数据支持下，利用复杂的陆面过程模型模拟得到。这种获取系数的方式无疑对气象数据具有很大的依赖，极大地限制了"椭圆法"的实际应用。针对土壤水分反演的"椭圆法"中模型系数依赖气象数据这一严重制约该方法实际应用的瓶颈问题，创新性地将模型系数定义为时间不变系数与时间变化系数，发展了仅基于历史气象数据确定模型时间不变系数的方法。同时，将时间变化系数定量化表达为遥感可反演的白天最大太阳辐射的线性函数，解决了"椭圆法"中模型系数需借助大量模拟数据间接模拟计算的瓶颈问题，避免了模型在实际应用中对实时气象条件的依赖，为基于"椭圆法"的土壤水分全遥感估算提供了切实可行的理论框架。

第 5 章 全天候土壤水分遥感反演与产品研制

5.1 全天候土壤水分遥感反演概述

土壤水分遥感反演研究历经半个多世纪发展，在理论方法和数据产品上均取得了令人瞩目的成就。其中，基于被动微波反演土壤水分是目前研究最为活跃的领域之一。特别是近几年来，国际上已经发射了多颗专门的土壤水分监测卫星，研制和发布了多套全球土壤水分产品数据。然而，这些基于被动微波的低空间分辨率土壤水分产品数据虽然在全球尺度研究中发挥了重要的作用，但与人类生活生产密切相关的诸多领域，如田间尺度农业管理、流域尺度水循环以及区域旱情监测等可能面临没有直接的土壤水分数据可用的窘境。

大量研究表明，与人类生活生产密切相关的农业、水资源和气候等领域迫切需要空间连续的较高空间分辨率（百米到公里级）和时间分辨率（1~3 天）的土壤水分数据。从目前主要的土壤水分遥感反演方法来看，光学遥感虽然能够满足空间分辨率的要求，但其容易受到云的影响，很难获取大范围空间连续的有效观测数据；相比于光学波段，微波具备更强的穿透性，能够获取云覆盖地表土壤水分信息，从而弥补光学土壤水分遥感反演因云影响导致的空缺。目前，被动微波是全球尺度土壤水分监测的主要手段，但其空间分辨率较低，无法直接应用于田间、流域乃至区域尺度的相关研究；主动微波虽然具有较高的空间分辨率和全天候监测能力，理论上是获取全天候高空间分辨率土壤水分的理想数据源，但其时间分辨率一般较长且幅宽较窄，特别是受巨大的数据量和复杂的处理过程的限制，主动微波并不适用于植被快速生长和农业旱情发展关键阶段等亟须对大范围土壤水分进行频繁动态监测的情形。

综合来看，基于光学与被动微波遥感，是当前实现高空间分辨率土壤水分全天候监测的最合理途径。相比于被动微波遥感，光学遥感之所以没有被用于业务化土壤水分数据产品研制，一个主要原因是其易受云影响而无法保障时空连续的土壤水分反演。考虑到前期在土壤水分光学遥感反演方面的研究积累，开展全天候高空间分辨率土壤水分遥感反演方法研究，面临的首要难题便是云覆盖光学像元土壤水分的估算。这是因为：光学遥感无法获取云覆盖地表有效观测数据，从而在云覆盖地表土壤水分反演时失效——即使是被动微波土壤水分产品的降尺度也通常需要光学遥感数据作为降尺度算法中必要的输入参数。考虑到前期在土壤水分光学遥感反演方法研究方面的积累，尤其是"逐像元"特征空间模型的提出，继续深入围绕云覆盖光学像元土壤水分估算方法开展研究，试图发展可靠的全天候高空间分辨率土壤水分反演方法，并研制相关土壤水分定量遥感数据产品。

5.2 光学与再分析数据协同的全天候土壤水分反演方法

5.2.1 云覆盖像元土壤水分估算方法

云覆盖像元无法获取有效的地表温度，导致无法利用"逐像元"特征空间模型对其土壤水分进行定量反演。首先探寻"逐像元"特征空间模型中土壤水分可利用率 M_0 的定义。Carlson（1986）最早给出了 M_0 的表达式：

$$M_0 = \frac{r_\mathrm{a} + r_\mathrm{cv}}{r_\mathrm{a} + r_\mathrm{cv} + r_\mathrm{s}} \tag{5.1}$$

式中，r_s 是地表阻抗（s/m）；r_cv 是水分通过过渡层的阻抗（s/m）。

为便于求解，Carlson（2007）忽略了水分通过过渡层的阻抗 r_cv，将上述表达式进行了简化，M_0 可表示为：

$$M_0 = \frac{r_\mathrm{a}}{r_\mathrm{a} + r_\mathrm{s}} \tag{5.2}$$

总的来说，利用上述空气动力学阻抗与地表阻抗来参数化土壤水分可利用率 M_0 是一个较为合理的选择。在干边上，土壤已无水分可供蒸发，土壤表面阻抗趋于无穷大，上式计算的 M_0 将趋近于 0；在湿边上，由于有充足的水分可供蒸发，地表阻抗趋近于 0，上式计算的 M_0 将趋近于 1。

对于地表阻抗，根据 Todorovic（1995）的研究，将地表阻抗表示为气象数据的函数：

$$a \times \left(\frac{r_\mathrm{s}}{r_\mathrm{c}}\right)^2 + b \times \frac{r_\mathrm{s}}{r_\mathrm{c}} + c = 0 \tag{5.3}$$

式中，r_c 是气象阻抗，a，b 和 c 是系数，可以通过如下公式计算：

$$r_\mathrm{c} = \rho \times C_\mathrm{p} \times \frac{VPD}{\gamma \times (R_\mathrm{n} - G)} \tag{5.4}$$

$$a = \frac{\Delta + \gamma \times \dfrac{r_\mathrm{c}}{r_\mathrm{a}}}{\Delta + \gamma} \times \frac{r_\mathrm{c}}{r_\mathrm{a}} \times VPD \tag{5.5}$$

$$b = -\gamma \times \frac{VPD}{\Delta + \gamma} \times \frac{r_\mathrm{c}}{r_\mathrm{a}} \times \frac{\gamma}{\Delta} \tag{5.6}$$

$$c = -(\Delta + \gamma) \times \frac{VPD}{\Delta + \gamma} \times \frac{\gamma}{\Delta} \tag{5.7}$$

对于湿润且稀疏植被覆盖地表，Norman et al.（1995）提供的一个简单的方法计算土壤表面阻抗也可以用来代替地表阻抗：

$$r_{\text{soil}} = \frac{1}{0.004 + 0.012U_{\text{s}}} \qquad (5.8)$$

式中，U_{s} 是土壤表面粗糙度影响最小的高度（通常 $0.05 \sim 0.2$ m）处的风速（m/s）。

除此之外，Carlson（2007）还认为，M_0 可以表示为土壤体积含水量 θ_{soil} 与田间持水量 θ_{fc} 的比值：

$$M_0 = \frac{\theta}{\theta_{\text{fc}}} \qquad (5.9)$$

在利用气象数据计算地表阻抗 r_{s} 后，基于云覆盖像元对应的土壤凋萎系数和田间持水量，联合上述公式，可以得到云覆盖像元土壤水分 θ_{soil} 的表达式：

$$\theta = \frac{r_{\text{a}}}{r_{\text{a}} + r_{\text{s}}} \theta_{\text{fc}} \qquad (5.10)$$

5.2.2　全天候土壤水分反演与验证

河南省是我国主要的冬小麦和夏玉米产地之一，选择河南省为研究区，获取这些作物主要生长阶段的土壤水分数据，对于指导当地农业生产活动具有重要的意义。河南省地处中国中部，其中平原面积超过 1/2。选择在河南省分布均匀的 17 个土壤水分观测站的数据对全天候土壤水分反演结果进行验证。这些站点的分布信息和土壤水分实测数据来自国家气象科学数据共享服务平台（http://data.cma.cn/site/index.html），相关详细描述可参考相关文献（Leng et al., 2017）。

从前面章节所述的晴空"逐像元"特征空间模型土壤水分反演方法及云覆盖像元土壤水分估算方法来看，反演土壤水分所需的数据主要包括遥感数据与气象数据。本研究选择了被广泛应用的 MODIS 陆表产品来反演全天候高空间分辨率土壤水分，主要包括当地时间上午过境的地表温度与比辐射率产品 MOD11A1、8 天合成的反射率产品 MOD09A1、16 天合成的植被指数产品 MOD13A2 和 8 天合成的叶面积指数产品 MOD15A2。表 5.1 显示了这些遥感数据产品及其在反演全天候高分辨率土壤水分过程中提供的具体参数信息。选择 2013 年冬小麦和夏玉米生长的关键时期的遥感数据（DOY80、101、131、141、162、192、213 和 244）来反演全天候土壤水分。

表 5.1　全天候高分辨率土壤水分反演所需的 MODIS 数据

名称	时间分辨率	空间分辨率 /m	参数
MOD09A1	8 天	1 000	1~7 波段反射率，太阳天顶角
MOD11A1	每天	1 000	地表温度，31~32 波段比辐射率
MOD13A2	16 天	1 000	归一化植被指数
MOD15A2	8 天	1 000	叶面积指数
MCD12Q1	每年	1 000	地表覆盖类型

在遥感数据的基础上，从国家气象科学数据共享服务平台获取了中国气象局陆面数据同化系统近实时大气驱动场产品，将其作为反演全天候高空间分辨率土壤水分的气象数据。除此之外，从中山大学地表——大气交互研究组（http://globalchange.bnu.edu.cn/home）下载了全国 1 km 空间分辨率的土壤质地数据，包括黏土和砂土含量分布，主要用以估算凋萎系数和田间持水量（Saxton and Rawls，2006）。

图 5.1 显示了"逐像元"特征空间模型反演的土壤水分及全天候土壤水分。在全天候土壤水分反演中，晴空像元土壤水分仍由"逐像元"特征空间模型反演得到，而云覆盖光学像元土壤水分则由再分析数据估算的土壤水分可利用率转换得到。显然，由于受到云的影响，"逐像元"特征空间模型无法获取云覆盖地表土壤水分，导致土壤水分反演结果空间不连续。提出的方法能够很好地弥补这种不足，从而获取空间连续的土壤水分。

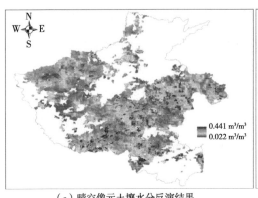
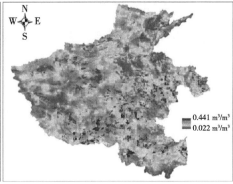

（a）晴空像元土壤水分反演结果　　　　　（b）全天候土壤水分反演结果

**图5.1　基于"逐像元"特征空间模型反演的晴空像元土壤水分（a）
与全天候土壤水分反演结果（b）（见文后彩图）**

　　为了定量地评估土壤水分反演结果，用地面土壤水分观测站点实测的不同深度（10 cm、20 cm和40 cm）土壤水分数据对反演结果进行了验证。图5.2显示了反演的全天候土壤水分与实测值的散点图。从结果来看，反演结果与实测值较好地分布在1∶1线附近，不同深度反演值的平均偏差为 −0.011 m³/m³、−0.002 m³/m³ 和 0.003 m³/m³，决定系数为0.213、0.237和0.3。此外，反演值与实测值的均方根误差分别是 0.079 m³/m³、0.074 m³/m³ 和 0.067 m³/m³。总的来说，反演结果与不同深度的土壤水分实测值均显示了较好的一致性。其中，反演结果与深层土壤水分实测值的一致性最好，一个重要原因是特征空间方法的本质就是利用了热红外对植被水分胁迫的探测来获取根部土壤水分信息，其具有表征一定深度土壤水分状况的能力。而且，考虑到本研究所用的土壤水分观测站点基本处于农田区，地表温度对水分的胁迫也会更多地通过植被蒸腾的方式体现出来。另外，由于表层土壤中的水分很容易被蒸发，深层土壤中的水分在地表蒸发的压力下向上运移，导致表层土壤中的水分变化更为剧烈一些。因此，相较于表层土壤水分，深层土壤中的水分可能表现得更加稳定（Akther and Hassan，2011）。

　　进一步将晴空像元与云覆盖像元分开来评估土壤水分反演精度，图5.3和图5.4分别是晴空和云覆盖像元反演的土壤水分与实测值的散点图。从结果来看，晴空像元的土壤水分反演精度明显高于云覆盖像元。其中，反演的晴空像元土壤水分与40 cm土壤水分实测值之间的决定系数达到了0.473，均方根误差为0.06 m³/m³，偏差为0.026 m³/m³，显示出了较高的精度。相比之下，反演的云覆盖像元土壤水分与40 cm土壤水分实测值

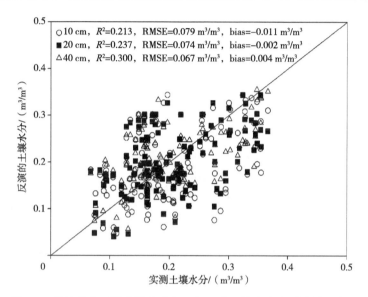

图5.2 反演的全天候土壤水分与不同深度土壤水分实测值的散点图

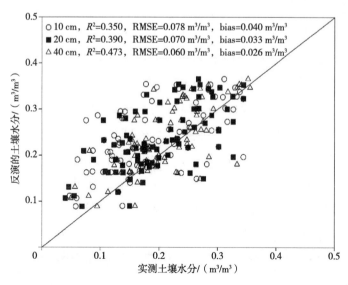

图5.3 反演的晴空像元土壤水分与不同深度土壤水分实测值的散点图

之间的决定系数达到了 0.412，均方根误差为 0.081 m³/m³，偏差为
−0.068 m³/m³。显然，在有覆盖条件下，土壤水分被低估了。尤其是在土
壤水分处于较高状态时，低估现象更为明显。尽管如此，还是可以看到，
反演的云覆盖像元土壤水分与实测值之间仍然呈现出较好的一致性。

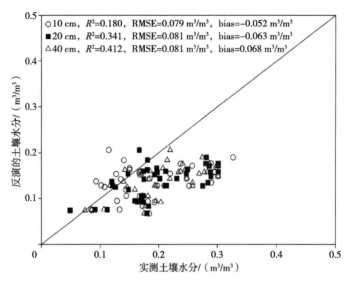

图 5.4　反演的云覆盖像元土壤水分与不同深度土壤水分实测值的散点图

　　除此之外，还针对不同的作物，对全天候土壤水分反演结果进行了分
析。图 5.5 和图 5.6 分别是冬小麦和夏玉米对应的全天候土壤水分反演结
果与实测值。从结果来看，冬小麦的全天候土壤水分精度明显高于夏玉米。
以 40 cm 土壤水分实测值为例，反演的冬小麦全天候土壤水分与土壤水分
实测值之间的决定系数达到了 0.423，均方根误差为 0.056 m³/m³，偏差为
0.015 m³/m³，显示出了较高的精度，而反演的夏玉米全天候土壤水分与
土壤水分实测值之间的决定系数为 0.274，均方根误差为 0.076 m³/m³，偏
差为 −0.021 m³/m³。全天候土壤水分反演方法在冬小麦和夏玉米表现出不
同的精度，其主要原因可能是由不同作物的结构差异造成的。冬小麦比夏
玉米更为矮小，其种植结构较为均一，而夏玉米茎秆和叶片较为粗大，整
体结构更为复杂一些，均一性较差，从而给土壤水分反演带来更大的不确
定性。

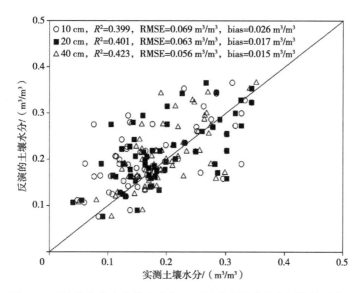

图 5.5 反演的冬小麦土壤水分与不同深度土壤水分实测值的散点图

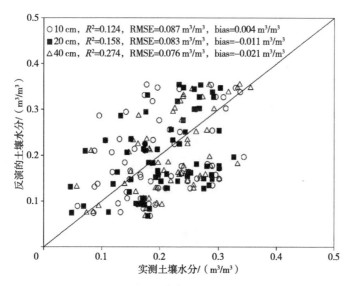

图 5.6 反演的夏玉米土壤水分与不同深度土壤水分实测值的散点图

5.2.3 全天候公里级土壤水分产品研发

基于前面章节提出的光学与再分析数据协同的全天候土壤水分反演方法，进一步开展了全天候高空间分辨率土壤水分产品研发工作。在这里设定的全天候高空间分辨率土壤水分产品地理覆盖范围是整个中国主要陆地区域（包含港澳台地区）。众所周知，中国拥有多重地貌特征，包含了从北部干旱区的戈壁和沙漠到南方湿润区的亚热带森林。中国的平均海拔从东部沿海的接近海平面线到西部平均超过 4 000 m 的青藏高原之间变化，这种高程的变化导致了显著的降水不均匀分布和典型的气候带分布。这些多重特征使得获取覆盖全国的土壤水分时空分布来更好地了解陆表和大气之间水热交换过程具有更为重要的意义。

用以生产中国全天候高空间分辨率土壤水分产品的主要数据源为 MODIS 陆表产品、中国气象局陆面数据同化系统近实时大气驱动场产品以及土壤质地数据。其中，中国气象局陆面数据同化系统近实时大气驱动场产品覆盖了我国和亚洲东部地区（70°~150°E，0°~60°N），其空间分辨率为 0.062 5°，时间分辨率为 1 h。

土壤质地数据主要是获取凋萎系数和田间持水量，从中山大学地表—大气交互研究组（http://globalchange.bnu.edu.cn/home）下载了全国 1 km 空间分辨率的土壤质地数据。根据 Saxton and Rawls（2006）提出的方法，逐网格计算凋萎系数和田间持水量。

基于上述数据，设计了全国全天候公里级土壤水分产品的研制的技术流程图，如图 5.7 所示。从技术流程图可以看出，晴空像元与云覆盖像元土壤水分反演所用遥感数据唯一显著的差别便是前者使用了地表温度。在晴空像元与云覆盖像元分别计算得到土壤水分可利用率 M_0 之后，利用 M_0 在凋萎系数和田间持水量之间进行线性插值，从而得到定量的土壤体积含水量。需要强调的是，在晴空像元和云覆盖像元，反演土壤水分的过程中都使用了相同的气象数据。其中，对于晴空像元，风速、气温、比湿和太阳辐射被用来确定"逐像元"特征空间模型的理论干湿边；对于云覆盖像元，同样的气象数据被用来计算空气动力学阻抗和地表阻抗。此外，考虑到上一章节中云覆盖像元土壤水分被低估的现象，在生产土壤水分产品时，在云覆盖像元土壤水分的反演方法进行了改进，改进后的云覆盖像元土壤水分表示为：

$$\theta_{\text{soil}} = \frac{r_{\text{a}}}{r_{\text{a}} + r_{\text{s}}} \left(\theta_{\text{fc}} - \theta_{\text{wp}} \right) + \theta_{\text{wp}} \qquad (5.11)$$

显然，相较于原来的云覆盖像元土壤水分估算方法，由于土壤水分可利用率 M_0 通常小于1，改进后的方法能够有效避免土壤水分被低估的现象。而且，改进后的方法在土壤水分反演中更合理，其对土壤水分范围的定义与晴空"逐像元"特征空间模型对干湿边土壤水分的定义是一致的。

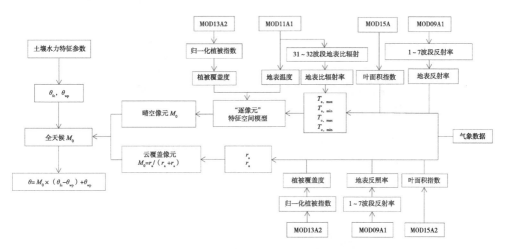

图5.7　全天候公里级土壤水分产品研制技术流程图

为进一步分析全天候公里级土壤水分产品的精度，从国家气象科学数据共享服务平台下载了中国农作物生长发育状况资料数据集，并获取其中的土壤水分观测数据来对反演获得的全天候公里级土壤水分产品进行验证。基于这些站点土壤水分观测数据，对生产的全天候公里级土壤水分产品进行了精度评估。图5.8显示了2012年4—9月每个月1日反演的土壤水分与实测值的散点。从图5.8的结果来看，反演的土壤水分与实测值较为均匀地分布在1∶1线附近，表明反演的全天候土壤水分产品能够较好地反映土壤水分的变化。在这6天，反演的土壤水分与实测值之间的均方根误差在 $0.053 \sim 0.07$ m³/m³，平均均方根误差为 0.063 m³/m³。此外，这6天的反演的全天候土壤水分的平均偏差为 -0.018 m³/m³。总的来说，反演的全天候土壤水分产品精度与目前土壤水分反演算法和产品的精度相当。

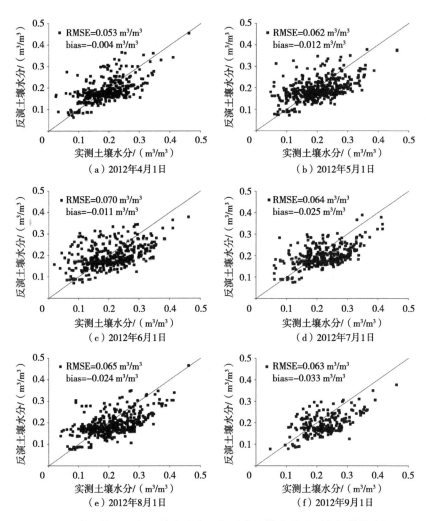

图 5.8 全天候公里级土壤水分产品与站点土壤水分观测数据的散点图

5.3 光学与被动微波协同的全天候土壤水分反演方法

5.3.1 研究区与主要数据介绍

青藏高原位于 73.31°～104.78°E、26.00°～39.78°N，是中国最大、世界最高的高原，由于其丰富的水资源和独特的地理条件，被称为"亚洲水塔"

和"世界第三极"。青藏高原东西长约 2 800 km，南北宽 300~1 500 km，总面积达到了 250 万 km²。高山大川密布，地形起伏明显，地势主要呈现西高东低的特点。青藏高原大部分地区的高程处于 3 000~5 000 m，平均海拔远远高于周边的地区和国家，海拔超过 4 000 m 的地区面积占青海省总面积超过 60%，占西藏全区总面积超过 80%。另外，青藏高原目前分布着全球中低纬度地区中面积最大的冻土区，包括了多年冻土和位于低海拔区的季节性冻土，这些冻土区面积约占中国冻土总面积的 70%。此外，青藏高原还具有丰富的水资源，占中国水资源总量的 23%，大小湖泊超过 1 500 多个，约占全国湖泊总面积的 49.5%。而该地区河流分布受其地形地势和气候条件的影响，东南部分降雨丰富，中部地区的河流补给，主要来自冰川和积雪融化，这是由于受到高山的阻隔，暖湿空气难以抵达内流区，导致该区域降水稀少，并且加上日照充足，河流蒸发量大，因此，内流河大都流程短流量小。另外，由于青藏高原地处中低纬度地区，海拔较高，光照资源丰富，紫外线辐射强烈，太阳辐射年总量为 5 000~8 500 MJ/m²，且季节分配较为均匀。

目前，微波土壤水分产品被广泛地应用于全球地球系统科学研究中。在已有的全球微波土壤水分产品中，SMAP、SMOS 以及 ASCAT 是典型的代表。尽管这些卫星为全球土壤水分数据产品及相关应用研究奠定了坚实的基础，但单一卫星的寿命有限，无法提供长时间序列土壤水分产品。对此，有学者通过融合各种卫星观测数据来获取更长时间序列的土壤水分产品。当前得到大量关注的 ESA-CCI 土壤水分产品即是其中典型的代表。ESA-CCI 发起于 2010 年，主要包括了基于主动微波、基于被动微波以及基于主被动微波融合的三种土壤水分产品。值得一提的是，ESA-CCI 土壤水分产品一直在不断更新，目前最新版本（v06.1）能够提供自 1978—2020 年的全球土壤水分产品。迄今为止，ESA-CCI 土壤水分产品已被全球超过 6 000 以上的注册用户使用，其精度被证明优于其他土壤水分产品。近年来，不少研究也发现，ESA-CCI 土壤水分产品在中国大部分地区也表现出较高的精度与较好的应用潜力。尽管如此，ESA-CCI 土壤水分产品的空间分辨率仍然较低，且在青藏高原，受无线电干扰以及该地区独特的下垫面条件、基于微波的土壤水分产品通常存在显著的数据缺失现象。因此，以青藏高原为例，充分发挥光学遥感的高空间分辨率优势，对现有微波土壤水分产品进行空间降尺度与缺失数据填补，发展光学与被动微波协同的全天候土壤水分反演方法。具体地，将以青藏高原2016—2018年的 ESA-CCI 土壤水分数据为例，协同 ESA-CCI 与 MODIS 数据，获取青藏高原全天候公里级土壤水分数据。其中，用到的 MODIS 数据包括归一化植被指数、地表反照率以及地表温度。

MODIS 归一化植被指数产品（MOD13A2），提供了空间分辨率为 1 km 的 16 天合成的 NDVI 数据。然而，由于光学遥感数据无法获取云覆盖和浓雾等条件下的地表参数，MOD13A2 数据存在一定的数据缺失现象。基于 Savitzky-Golay 滤波方法对 MOD13A2 的 NDVI 数据进行了插值处理，以填补原始数据中缺失的部分，进而获得青藏高原日尺度时空连续的归一化植被指数；对于地表反照率，利用 MOD09A1 提供的 8 天合成的反射率数据，通过 Tasumi et al.（2008）提出的多元线性回归方法，计算地表反照率；对于地表温度，考虑到常规的 MODIS 地表温度产品只在晴空条件下具有有效的观测值，在研究中采用了一套由热红外与再分析数据融合而成的全天候地表温度数据产品。该全天候地表温度数据产品基于地表温度时间分解模型，通过融合 MODIS 与 GLDAS 地表温度、归一化植被指数、地表反照率等数据，对云覆盖像元地表温度进行了重建。该全天候地表温度数据产品来自国家青藏高原科学数据中心（https://data.tpdc.ac.cn/zh-hans/）。考虑到青藏高原地形复杂，还获取了该地区数字高程模型对地表温度进行校正，最大限度降低复杂地形给土壤水分反演可能带来的误差。

除此之外，收集了青藏高原四个站点的土壤水分实测数据对获取的全天候公里级土壤水分产品进行验证。这四个站点分布在青藏高原的西部、中部和东部，并拥有不同的气候条件。表 5.2 显示了这四个站点的详细信息。其中，Ali03 与 SQ06 地处干旱气候条件，BC03 与 NST08 分别属于半干旱和湿润气候条件。

表 5.2　青藏高原土壤水分站点基本信息表

实测站点名称	经度 /°E	纬度 /°N	气候	土地覆盖	土壤质地
Ali03	79.63	33.46	寒冷干旱	草地	砂土
SQ06	79.88	32.51	寒冷干旱	草地	砂土
BC03	92.31	31.11	寒冷半干旱	草地	壤质砂土
NST08	102.61	33.97	寒冷湿润	草地	粉质壤土

5.3.2　降尺度方法

Merlin et al.（2012）在特征空间模型基础上发展了低空间分辨率微波土壤水分产品的空间降尺度方法 DISPATCH。利用 DISPATCH 方法，将 25 km 分辨率的 ESA-CCI 土壤水分产品降尺度到 1 km。在 DISPATCH 方法中，高空间分辨率的土壤水分与低空间分辨率的土壤水分之间的关系可以表达为：

$$SM_{1\,km} = SM_{25\,km} + \frac{\partial SM_{mod}}{\partial SEE} \times \left(SEE_{MODIS,\,1\,km} - SEE_{25\,km} \right) \tag{5.12}$$

式中，$SM_{1\,km}$ 和 $SM_{25\,km}$ 分别为降尺度后空间分辨率为 1 km 的土壤水分和原始的 25 km 低空间分辨率的微波土壤水分产品；$\frac{\partial SM_{mod}}{\partial SEE}$ 是土壤水分对土壤蒸发效率的偏导数；$SEE_{MODIS,\,1\,km}$ 为 MODIS 数据计算得到的 1 km 分辨率土壤蒸发效率；$SEE_{25\,km}$ 是低空间分辨率微波像元内所有 1 km 分辨率像元土壤蒸发效率的平均值。

为了获取上述公式中土壤水分对土壤蒸发效率的偏导数，需要构建土壤蒸发效率和土壤水分之间的关系模型。在构建土壤蒸发效率模型的过程中，考虑到土壤特性的不确定性，Merlinet et al.（2012）使用了三种不同的聚合公式分别测试了降尺度方法的精度和鲁棒性，发现 Noilhan 和 Planton 方法表现最佳，由此构建的土壤蒸发效率模型的表达式为：

$$SEE_{mod} = \frac{1}{2} - \frac{1}{2}\cos\left(\pi \times \frac{SM}{SM_P}\right)$$ （5.13）

式中，SEE_{mod} 为土壤蒸发效率模型，SM_P 为土壤水分参数。

在微波土壤水分产品像元内，土壤水分参数可以表达为：

$$SM_P = \frac{\pi \times SM_{25\,km}}{\arccos(1 - 2SEE_{25\,km})}$$ （5.14）

对上述公式进行变形，得到上述偏导数计算中需要的土壤水分模型，土壤水分模型的表达式为：

$$SM_{mod} = \frac{SM_P}{\pi}\arccos(1 - 2SEE)$$ （5.15）

基于上述公式获得的土壤水分模型以前述公式获得的土壤蒸发效率模型，Tagesson et al.（2018）计算了土壤水分对土壤蒸发效率的偏导数的表达式：

$$\frac{\partial SM_{mod}}{\partial SEE} = \frac{2\left(\dfrac{SM_P}{\pi}\right)}{\sqrt{1 - \left(1 - 2SEE_{MODIS,\,1\,km}\right)^2}}$$ （5.16）

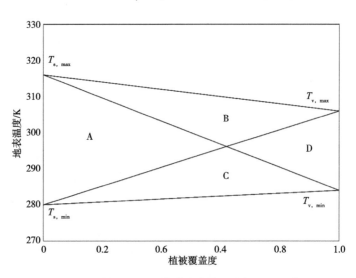

图5.9 地表温度—植被覆盖度梯形特征空间示意图

图 5.9 为地表温度—植被覆盖度梯形特征空间示意图，通过拟合干湿边，即可得到裸土的最高温度 $T_{s,\,max}$ 和最低温度 $T_{s,\,min}$，以及完全植被覆盖的最高温度 $T_{v,\,max}$ 和最低温度 $T_{v,\,min}$。按照裸土和植被对地表蒸散发的影响作用，将上述地表温度—植被覆盖度梯形特征空间划分为四个区域，即图 5.9 所示的 A、B、C 和 D 区域。

在 A 区域，地表温度主要受土壤蒸发影响，在该区域内给定 MODIS 像元的植被组分温度可以表示为：

$$T_{v,\,1\,km} = \frac{\left(T_{v,\,max} + T_{v,\,min}\right)}{2} \tag{5.17}$$

在 B 区域和 C 区域，地表温度受土壤蒸发与植被蒸腾共同影响，在该区域内给定 MODIS 像元的植被组分温度可以分别表示为：

$$T_{v,\,1\,km} = \frac{\left(T_{v,\,max} + T_{v,\,min,\,1\,km}\right)}{2} \tag{5.18}$$

$$T_{v,\,1\,km} = \frac{\left(T_{v,\,max,\,1\,km} + T_{v,\,min}\right)}{2} \tag{5.19}$$

在 D 区域，地表温度主要受植被蒸腾影响，在该区域内给定 MODIS 像元的植被组分温度可以表示为：

$$T_{v,\,1\,km} = \frac{\left(T_{v,\,max,\,1\,km} + T_{v,\,min,\,1\,km}\right)}{2} \tag{5.20}$$

式中，$T_{v,\,max,\,1km}$ 与 $T_{v,\,min,\,1km}$ 分别是土壤蒸发效率 SEE 为 1 和 0 时对应的植被温度。

对于 MODIS 像元来说，其土壤蒸发效率可以表示为：

$$SEE_{MODIS,\,1\,km} = \frac{T_{s,\,max} - T_{s,\,1\,km}}{T_{s,\,max} - T_{s,\,min}} \tag{5.21}$$

式中，$T_{s,\,1\,km}$ 为 MODIS 像元的土壤组分温度，$T_{s,\,max}$ 和 $T_{s,\,min}$ 分别为裸土的最高和最低温度。

土壤组分温度 $T_{s,1\,km}$ 可以通过地表温度分解得到：

$$T_{s,1\,km} = \frac{T_s - f_{v,1\,km} \times T_{v,1\,km}}{1 - f_{v,1\,km}} \qquad (5.22)$$

式中，T_s 为经过地形校正的地表温度，$f_{v,1\,km}$ 为 MODIS 像元的植被覆盖度。

植被覆盖度 $f_{v,1\,km}$ 可以利用 MODIS 归一化植被指数计算：

$$f_{v,1\,km} = (\frac{NDVI - 0.2}{0.86 - 0.2})^2 \qquad (5.23)$$

5.3.3　广义回归神经网络模型

广义回归神经网络模型 GRNN（Generalized Regression Neural Network）是一种非参数回归统计方法，是由人工神经网络中的径向基神经网络通过进一步改进得到的模型。该神经网络模型具有很强的非线性拟合能力和快速收敛的能力，并且能够在简单的参数设计和学习规则下，拥有较强的鲁棒性、记忆功能与学习能力。近年来，国内外的各种研究证明，广义回归神经网络模型在土壤水分预测方面具有较高的精度与稳定性。本研究基于广义回归神经网络模型，对土壤水分确实数据进行空间填补，并联合微波土壤水分产品空间降尺度方法，实现青藏高原公里级土壤水分数据的全天候遥感监测。

广义回归神经网络模型主要分为四层（图 5.10），分别是输入层、模式层、求和层与输出层。在输入层中，输入数据包括归一化植被指数（NDVI）、地表温度（LST）、数字高程模型（DEM）、地表反照率（Albedo）、经纬度以及年积日（DOY）7 个变量（标记为 X）。在输出层，土壤水分是唯一的目标变量（标记为 Y）。因此，X 与 Y 的表达式分别为：

$$X = [x_1, x_2, \cdots, x_7]^T \qquad (5.24)$$

$$Y = y_1^T \tag{5.25}$$

在模式层中，假设模式神经元的数量等于训练样本的数量 n，则该层的神经元传递函数可以写成：

$$P_i = \exp\left[-\frac{(X - X_i)^T (X - X_i)}{2\sigma^2} \right], \quad i = 1, 2, \cdots, n \tag{5.26}$$

式中，P_i 代表该神经元传递函数，n 为神经元的数量，X 为输入变量；X_i 为第 i 个神经元的学习样本；σ 为扩散因子，根据前人研究结论将其取值为 0.05。

在求和层中，有两种类型求和方式。一种是对所有模式层神经元的输出进行不加权的算数求和；另一种是对所有模式层神经元的输出进行加权的算术求和，其中权重是模式层的第 i 个输出样本中的第 j 个元素，由于输出变量只有一个，因此，该权重用 y_{i1} 表示。这两种类型的传播函数分别为：

$$S_D = \sum_{i=1}^{n} P_i \tag{5.27}$$

$$S_{n1} = \sum_{i=1}^{n} y_{i1} P_i \tag{5.28}$$

式中，S_D 为所有模式神经元不加权算数求和，S_{n1} 为所有模式神经元的加权求和，y_{i1} 表示加权求和中的权值。

在输出层中，基于上述公式中的两类神经元的总和，输出变量可以表示为：

$$\hat{y}_1 = \frac{S_{n1}}{S_D} \tag{5.29}$$

式中，$\hat{y}_1$ 为广义回归神经网络模型输出的目标变量。

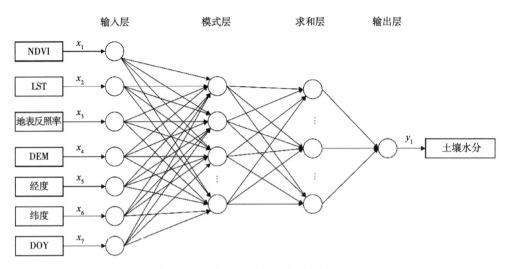

图 5.10　广义回归神经网络模型结构图

　　基于上述框架结构，考虑到微波土壤水分产品空间降尺度与缺失数据填补是获取最终全天候公里级土壤水分数据的两个必要步骤，设计了两种方法来实现目标：方法一可以称为"先降尺度后填补"法，它首先对 ESA-CCI 土壤水分产品提供的空间分辨率为 25 km 的土壤水分数据是否具有有效值进行判断，并将该产品数据中的有效像元进行空间降尺度，然后基于空间降尺度后得到的公里级土壤水分数据与同分辨率的地表参数构建广义回归神经网络模型，并将其应用到 ESA-CCI 土壤水分产品无效像元内的公里级光学像元上，最后将 ESA-CCI 土壤水分产品有效像元降尺度后的土壤水分与广义回归神经网络模型预测的 ESA-CCI 土壤水分产品无效像元内光学像元土壤水分进行融合，获得全天候公里级土壤水分数据；方法二可以称为"先填补后降尺度"法，它首先在 ESA-CCI 土壤水分产品的尺度上构建广义回归神经网络模型，对 ESA-CCI 土壤水分产品无效像元进行填补，获得空间连续的 ESA-CCI 土壤水分数据，然后基于光学遥感数据对空间连续的 ESA-CCI 土壤水分数据进行空间降尺度，最终获得全天候公里级土壤水分数据。简单来说，上述两种方法的主要区别即是广义回归神经网络模型是构建在光学遥感空间尺度上（方法一）还是在微波土壤水分产品尺度上（方法二），具体的研究流程图如图 5.11 所示。

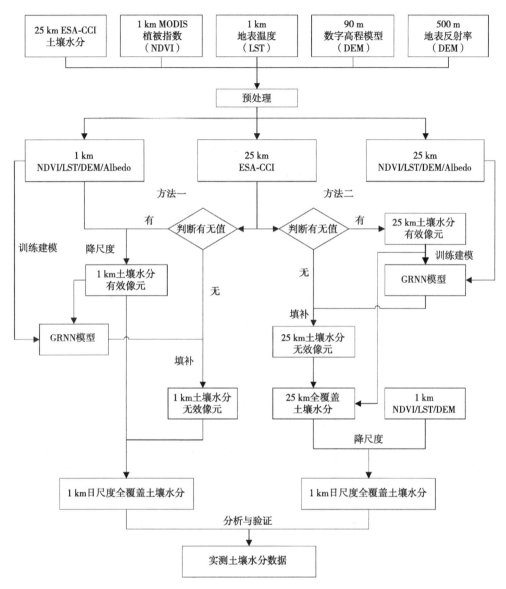

图 5.11 青藏高原全天候公里级土壤水分数据获取的研究流程图

5.3.4 全天候公里级土壤水分估算结果

为最大限度保证微波土壤水分产品的精度，并更好地对全天候公里级土壤水分估算结果进行评价，尽量排除冻融以及积雪覆盖对土壤水分反演的影响，选择了青藏高原地区 2016—2018 年每年 5—9 月的数据开展研究。结果显示，原始 ESA-CCI 土壤水分产品存在严重的数据缺失现象，三年期间 5 月土壤水分有效值的只占到 30% 左右，是这三个月中缺失数据最多的月份。7 月 ESA-CCI 土壤水分产品数据缺失现象好转，有效像元大约占到 70%，9 月 ESA-CCI 土壤水分产品数据有效像元大约占到 60%。值得注意的是，ESA-CCI 土壤水分产品的数据缺失部分主要集中在青藏高原的西部和中部地区。从 ESA-CCI 土壤水分产品显示的土壤水分时空分布情况来看，青藏高原地区的土壤水分呈现出自北向南逐渐升高的趋势，西北地区的土壤水分明显较低，基本维持在 0.2 m^3/m^3 以下，东南地区的土壤水分较高，在整个研究期间都几乎在 0.35 m^3/m^3 以上。

将两种全天候公里级土壤水分估算结果与 ESA-CCI 土壤水分产品进行对比可知，两种全天候公里级土壤水分估算方法都能够很好地反映青藏高原地区土壤水分的时空变化特征，填补后的土壤水分数据与 ESA-CCI 土壤水分产品相比，基本上都能够呈现出较为自然的过渡和合理的分布状态。将两种方法得到的估算结果进行对比可以发现，尽管两种方法得到的土壤水分数据在青藏高原的覆盖率均达到了 100%，但是，"先填补后降尺度"法（方法二）相比于"先降尺度后填补"法（方法一）在青藏高原的中部地区存在更多的极小值像元，这其中的主要原因可能是方法二在 ESA-CCI 土壤水分产品尺度上构建广义回归神经网络模型，其样本数量相对于方法一在光学遥感数据空间尺度上构建广义回归神经网络模型来说要少得多，导致在土壤水分低值像元训练学习不够理想。尽管如此，在大多数土壤水分区间，二者之间的差别并不明显。

考虑到本研究中的土壤水分实测站点分布在不同的气候条件分区，对不同气候条件下的土壤水分降尺度结果进行了精度分析。图 5.12 是不同气候条件下 ESA-CCI 土壤水分产品有效像元降尺度的土壤水分与土壤水分实测值的散点图。从上述结果来看，不同气候条件下 DISPATCH 方法降尺度的精度具有显著差别。其中，在干旱气候条件下，降尺度后的土壤水分与土壤水分实测值之间的均方根误差为 0.072 m^3/m^3，偏差为 0.049 m^3/m^3，表现出明显的高估；在半干旱和湿润气候条件下，降尺度后的土壤水分与土壤水分实测值之间的均方根误差为 0.044～0.048 m³/m³，偏差分别为 -0.001 m³/m³ 和 0.006 m³/m³，表现出较好的精度。综合来说，在青藏高原地区，微波土壤水分产品空间降尺度的 DISPATCH 方法在半干旱地区表现最好，在干旱地区表现最差。

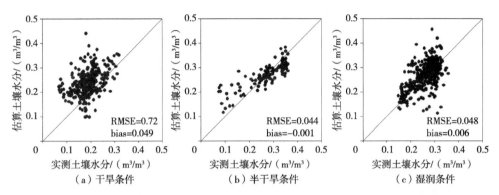

图 5.12　不同气候条件下 ESA-CCI 土壤水分产品有效像元降尺度的土壤水分与
土壤水分实测值的散点图

考虑到两种全天候公里级土壤水分方法中的空间降尺度过程都是利用 MODIS 数据对 ESA-CCI 土壤水分产品开展的，因此，这两种方法最终获得的全天候公里级土壤水分数据的精度还是取决于广义回归神经网络模型在不同尺度的表现。为了更好地评估这两种方法获取的青藏高原全天候公里级土壤水分数据，利用土壤水分实测数据对 ESA-CCI 土壤水分产品有效像元降尺度后的结果以及两种 ESA-CCI 土壤水分产品无效像元填补后获得的公里级土壤水分进行了验证。图 5.13 为验证的结果。从上述结果来看，具有明确物理机理的 DISPATCH 方法获取的公里级土壤水分数据具有较高的精度，均方根误差为 0.061 m³/m³，偏差为 0.022 m³/m³。基于广义回归神经网络模型获取的公里级土壤水分数据精度显著低于 DISPATCH 方法，两种方法的均方根误差分别为 0.092 m³/m³ 和 0.095 m³/m³，偏差分别为 0.064 m³/m³ 和 0.065 m³/m³，高估现象明显。这些验证的结果充分说明了具有物理机理的空间降尺度方法在青藏高原地区具有更好的适用性。同时，对比方法一和方法二，虽然这两种方法获得的 ESA-CCI 土壤水分无效像元的公里级土壤水分数据精度相当，但方法一的精度略高于方法二，其主要原因可能是这两种方法所构建的广义回归神经网络模型依赖的尺度不同：方法一是"先降尺度后填补"，构建的广义回归神经网络模型基于高空间分辨率的光学遥感数据公里级尺度，方法二是"先填补后降尺度"，构建的广义回归神经网络模型基于低分辨率的微波土壤水分产品尺度。显然，前者拥有更大数量的训练样本，因此，在训练学习过程中，对土壤水分与其他遥感地表参数之间的非线性关系进行了更加充分的考虑，从而表现出更高的精度和稳定性。

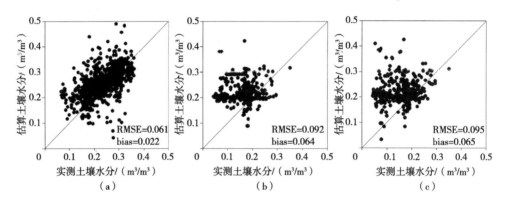

图 5.13　土壤水分估算结果与实测值之间的散点图

注：（a）为 ESA-CCI 土壤水分产品有效像元降尺度结果与实测土壤水分；（b）ESA-CCI 土壤水分产品无效像元基于方法一估算的土壤水分与实测土壤水分；（c）ESA-CCI 土壤水分产品无效像元基于方法二估算的土壤水分与实测土壤水分。

进一步，利用地面土壤水分实测数据分别对上述两种方法获得的全天候公里级土壤水分进行了验证。图 5.14 显示了验证结果。从上述结果来看，这两种方法的精度十分相近，均方根误差分别为 0.074 m³/m³ 和 0.075 m³/m³。同时，两种方法均存在 0.038 m³/m³ 的高估，无偏均方根误差分别为 0.064 m³/m³ 和 0.065 m³/m³，说明这两种方法在青藏高原整体上能够获取较高精度的全天候公里级土壤水分。从土壤水分数值的分布来看，在整个研究期间，地面土壤水分实测站点的土壤水分一般为 0.05～0.35 m³/m³，而这两种方法获取的土壤水分大多集中在 0.05～0.4 m³/m³，只有少数估算值低于 0.05 m³/m³ 或超过 0.4 m³/m³，且较低或者较高值更多地出现在方法二中，这也进一步说明方法二的稳定性相较于方法一稍弱。尽管如此，基于地面土壤水分实测数据的验证，仍然可以看到，本研究提出的两种方法都能够获得较好的全天候公里级土壤水分。

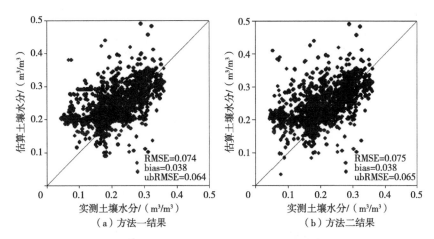

图 5.14　实测土壤水分与两种方法得到的估算土壤水分之间的散点图

　　分析不同气候条件下获取的全天候公里级土壤水分的精度差异。图 5.15 显示了不同气候条件下两种方法获取的全天候公里级土壤水分与地面土壤水分实测值的散点图。从该结果可以看出，两种方法在湿润条件下表现最好，均方根误差为 0.048 m³/m³，偏差为 0.006 m³/m³；干旱条件下表现最差，两种方法的均方根误差分别为 0.084 m³/m³ 和 0.086 m³/m³，偏差分别为 0.057 m³/m³ 和 0.06 m³/m³。注意到，ESA-CCI 土壤水分产品在半干旱条件下的有效像元超过了 85%，而在湿润条件下的有效像元达到了 100%，然而，在干旱条件下，ESA-CCI 土壤水分产品的有效像元不足 40%，这意味着，在半干旱与湿润气候条件下，最终获取的全天候公里级土壤水分主要是通过具有物理机理的 DISPATCH 得到的，而在半干旱条件下，最终获取的全天候公里级土壤水分主要是通过广义回归神经网络模型得到的。这进一步证实了在青藏高原，具有物理机理的模型比广义回归神经网络模型更有优势。尽管如此，对于 ESA-CCI 土壤水分产品无效像元来说，考虑到地表有效参数的缺失，基于广义回归神经网络模型的方法仍然是一种获取高空间分辨率土壤水分数据的可行途径。

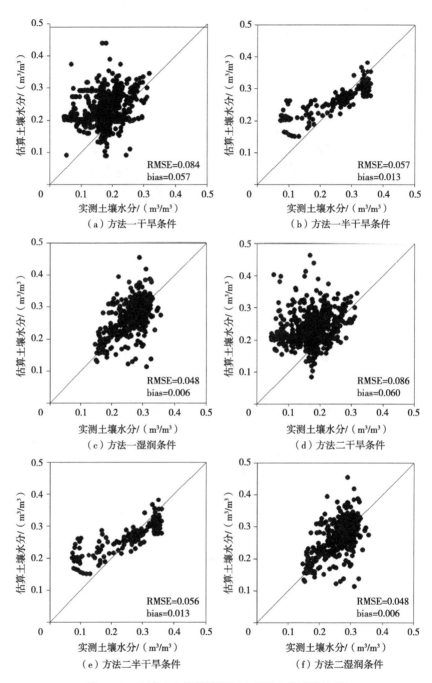

图 5.15　土壤水分估算结果与实测值之间的散点图

5.4 本章小结

　　针对现有低空间分辨率微波土壤水分产品无法很好满足田间、流域乃至区域尺度实际应用需求以及光学遥感因云影响导致时空连续土壤水分监测困难的现状，从不同角度开展了全天候高空间分辨率土壤水分反演方法研究。首先，在前期提出的"逐像元"特征空间模型基础上，充分挖掘高时空分辨率大气再分析数据表征土壤水分的潜力，建立了基于空气动力学阻抗与地表阻抗的云覆盖像元土壤水分估算方法，通过土壤水分可利用率，实现了晴空像元与云覆盖像元土壤水分的有效融合，进一步，以 MODIS 陆地产品和中国气象局陆面数据同化系统近实时大气驱动场产品为主要数据源，针对中国主要陆地区域，研制了全天候高公里级土壤水分产品；其次，通过光学与微波遥感的协同，提出了融合物理模型空间降尺度与广义回归神经网络模型数据缺失填补的全天候公里级土壤水分获取方法，为高空间分辨率土壤水分的全天候监测提供了可行的框架。总而言之，上述高空间分辨率土壤水分获取的"全天候法"，解决了传统光学遥感因云影响导致像元地面有效观测数据缺失而无法反演土壤水分的问题，以及微波土壤水分产品空间分辨率低而无法在田间、流域乃至区域尺度直接应用的问题，实现了高空间分辨率土壤水分的时空连续获取。

第6章　全天候土壤水分遥感反演方法拓展

6.1　基于特征空间模型的地表蒸散发反演方法概述

地表蒸散发（Evapotranspiration，ET）（本节蒸散发均指地表蒸散发，不包含水体表面蒸发）是指地表液态水分吸收太阳辐射后汽化潜热的地球控温过程，通常包括土壤蒸发和植被蒸腾（Zhang et al.，2016；Chen and Liu，2020）。蒸散发即是土壤—大气—植被生态系统中能量平衡的组成分量（W/m²），也是水量平衡中的重要组成参量（mm）。研究表明，每年蒸散发占全球净辐射的70%~85%，约消耗65%的陆地降水（Jasechko et al.，2013）。此外，由于植被蒸腾和光合作用密切联系，蒸散发也是联系地球生态圈中碳循环的重要因子（Yang et al.，2014）。由于蒸散发受复杂的生物物理过程控制以及地表植被覆盖和土壤属性非均一性的影响，当前全球尺度蒸散发的准确获取仍然是一个巨大的挑战。自20世纪60年代起，随着地球卫星观测系统的出现，遥感数据和过程模型的结合被认为是区域蒸散发定量反演的最有效和经济的策略。基于此，研究学者们从不同角度发展了适用于不同时空尺度的蒸散发估算方法，其中基于地表温度—植被指数三角/梯形特征空间模型是蒸散发定量遥感研究的国际热点和前沿课题之一。

　　基于特征空间模型的地表蒸散发估算最早可追溯到 Moran et al.（1994）提出的单源梯形法以及 Jiang and Islam（1999）提出的三角法。理论上，特征空间模型只需要遥感地表温度和植被指数作为输入，与基于能量平衡的物理模型相比，前者输入参数更加简单，且避免了水和热传输的空气动力学阻抗和表面阻抗的复杂参数化过程，因此，受到学者们的广泛关注。已有不少文章对基于特征空间模型的地表蒸散发估算方法进行了综述，对方法细节感兴趣的读者可参考这些综述文章（Kalma et al.，2008；Li et al.，2009；Wang and Dickinson，2012；Zhang et al.，2016；Chen and Liu，2020）。目前遥感地表蒸散发产品主要基于 Penman-Monteith 公式和气象—遥感植被指数产品数据获取，而没有考虑热红外信息。众所周知，地表温度是影响土壤蒸发/植被蒸腾速率与总量最直接的参数之一。准确的热红外地表温度信息被认为能够有效提高蒸散发的反演精度。然而，受云的干扰，目前热红外地表蒸散发反演方法只适用于晴空条件，并不能反演获得全天候的蒸散发。考虑到蒸散发与土壤水分都是地表水热关键参数，具有类似的性质，且都能从特征空间模型中获得其与地表温度之间的物理关联关系，选择对全天候土壤水分遥感反演方法进行拓展，开展全天候地表蒸散发遥感反演研究，并研制相关数据产品。基于此，本章节将深化探索地表温度—植被指数特征空间模型在蒸散发反演方面的潜在应用，明晰各方法的适用条件、优势与不足等，并梳理待进一步解决的问题。

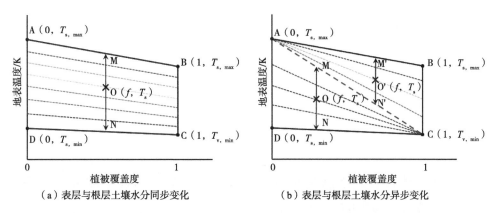

（a）表层与根层土壤水分同步变化　　　　（b）表层与根层土壤水分异步变化

图 6.1　表层与根层土壤水分不同变化模式对应的梯形特征空间模型示意图（见文后彩图）

图 6.1 展示了目前出现的两种典型梯形特征空间模型。在表层与根层土壤水分同步变化的梯形特征空间模型（以下简称"同步假设"模型）中，对于特征空间内任意一个像元 O（f，T_s），其对应干边上的点 M 的地表温度（$T_{s,\,dry}$）和对应湿边上的点 N 的地表温度（$T_{s,\,wet}$）分别可以表示为：

$$T_{s,\,dry} = T_{s,\,max} + f \times (T_{v,\,max} - T_{s,\,max}) \tag{6.1}$$

$$T_{s,\,wet} = T_{s,\,min} + f \times (T_{v,\,min} - T_{s,\,min}) \tag{6.2}$$

在给定的一个植被覆盖度条件下，通常假设像元 O 点处的混合像元地表温度在最大理论地表温度 $T_{s,\,dry}$ 和最小理论地表温度 $T_{s,\,wet}$ 之间，通过该像元点对应的干湿边温度插值得到其土壤和植被的组分地表温度，具体如下：

$$T_{soil} = T_{s,\,min} + \frac{T_s - T_{s,\,wet}}{T_{s,\,dry} - T_{s,\,wet}}(T_{s,\,max} - T_{s,\,min}) \tag{6.3}$$

$$T_{veg} = T_{v,\,min} + \frac{T_s - T_{s,\,wet}}{T_{s,\,dry} - T_{s,\,wet}}(T_{v,\,max} - T_{v,\,min}) \tag{6.4}$$

"同步假设"模型中植被蒸腾和土壤蒸发通常被认为随着土壤含水量的变化而发生变化，且二者具有相似的变化过程。因此，"同步假设"方案的土壤蒸发和植被蒸腾可以通过该像元对应的组分温度插值获得，具体如下：

$$ET_s = \frac{T_{s,\,dry} - T_{soil}}{T_{s,\,dry} - T_{s,\,wet}} \times ET_{s,\,w} \tag{6.5}$$

$$ET_v = \frac{T_{v,\,dry} - T_{veg}}{T_{s,\,dry} - T_{s,\,wet}} \times ET_{v,\,w} \tag{6.6}$$

式中，$ET_{s,\,w}$ 和 $ET_{v,\,w}$ 分别是土壤和植被在水分充足条件下的土壤蒸发和潜在植被蒸腾。

基于上述计算，给点像元 O 点的蒸散发（ET）可以表示为土壤蒸发（ET_s）和植被蒸腾（ET_v）之和：

$$ET = ET_s + ET_v \qquad (6.7)$$

值得注意的是，"同步假设"模型中针对表层和根层土壤水分变化的解译会造成梯形空间和三角形空间分别估算的蒸散发存在物理意义和精度上的差异。针对"同步变化"模型中梯形和三角形特征空间的不兼容问题，Tang and Li（2017）提出了表层与根层土壤水分异步变化的梯形特征空间（以下简称"异步假设"模型），如图 6.1 右所示。该模型认为梯形特征空间是由于植被根区缺水从三角形特征空间进一步演化而来，以表层土壤水分干透和根层土壤水分开始受到胁迫作为条件，把梯形特征空间划为两个三角形空间。因此，在"异步假设"模型中，首先需要通过临界温度 T^* 来判断给定像元 O 在特征空间的位置。T^* 的计算公式为：

$$T^* = [T_{s,\,max}^4 \times (1-f) + f \times T_{v,\,min}^4]^{1/4} \qquad (6.8)$$

当给定像元 O 的地表温度值低于临界温度时，其处于梯形特征空间模型的下三角区，此时的土壤根层水分充足，植被蒸腾接近潜在植被蒸腾量，土壤蒸发由像元所处特征空间中的位置决定。在这种情况下，土壤蒸发与植被蒸腾可以分别表示为：

$$ET_s = \frac{MO}{MN} \times ET_{s,\,w} \qquad (6.9)$$

$$ET_v = ET_{v,\,w} \qquad (6.10)$$

类似地，当给定像元 O 的地表温度值高于临界温度时，其处于梯形特征空间模型的上三角区，此时表层土壤中的水分已被完全蒸发，植被蒸腾受到根层土壤水分的胁迫，植被蒸腾由像元所处特征空间中的位置决定。在这种情况下，土壤蒸发与植被蒸腾可以分别表示为：

$$ET_s = 0 \qquad (6.11)$$

$$ET_v = \frac{M'O'}{M'N'} \times E_{v,\,w} \qquad (6.12)$$

此外，极端温度像元、潜在土壤蒸发和植被蒸腾以及其他参数的确定，在不同的特征空间模型方案中稍有不同。详细情况可参考（Long and Singh，2012；Sun et al.，2017；Tang and Li，2017）。

总的来说，在过去 20 多年里，基于地表温度 / 植被指数的三角 / 梯形特征空间反演地表蒸散发及分离土壤蒸发与植被蒸腾的研究已经取得了长足进展，并通过不同的假设和解译机制，发展出了多种干湿边或极限端元温度确定方法、土壤蒸发和植被蒸腾分离假设以及蒸散发建模方案。然而，目前基于特征空间模型的地表蒸散发估算仍然存在以下需要深入研究的地方：

其一，地表蒸散发组分对不同深度土壤水分的响应特征不明。大部分基于特征空间模型的地表蒸散发反演均假定对应土壤蒸发的表层土壤水分与对应植被蒸腾的根层土壤水分同步变化。然而另一部分学者则认为，在根层土壤水分受到蒸腾胁迫前，表层土壤中的水分应该先被完全蒸发，而不是与根层土壤水分同步变化。上述两种对特征空间模型解析的争议实质上源自当前不甚清晰的地表蒸散发组分对不同深度土壤水分响应特征的认识。

其二，云干扰导致时空连续的地表蒸散发估算困难。众所周知，地表温度是影响土壤蒸发和植被蒸腾速率最直接的参数之一。当前，多波段热红外地表温度反演技术已接近完美，大多数情况下地表温度反演精度可达 1 K。理论上，高精度的热红外地表温度产品是保证地表蒸散发估算精度的充分条件。然而，受云的影响，热红外遥感无法获取云覆盖下的地表有效观测数据，导致基于特征空间模型的地表蒸散发估算方法难以获得时空连续的反演结果。

其三，特征空间模型边界的判定。特征空间模型边界的判定是应用该模型开展地表蒸散发反演的前提。目前，特征空间模型边界的判定主要有两种方法：一是基于窗口特征空间像元的统计方法，二是基于能量平衡的方法。基于窗口特征空间像元的统计方法原理简单，但主观性较强；基于能量平衡的方法具有清晰的物理意义，但其需要少量气象数据作为输入，一定程度上限制了该方法的实际应用。

针对上述问题，将"逐像元"特征空间模型从土壤水分拓展到地表蒸散发反演研究中，试图提供相应的解决思路，最终实现全遥感全天候地表蒸散发遥感反演。

6.2　土壤水分变化模式对蒸散发反演的影响研究

6.2.1　研究区与数据

利用 8 个美国通量网站点来开展表层与根层土壤水分不同变化模式对地表蒸散发反演的影响。表 6.1 列出了这 8 个站点的详细信息。本研究同步收集了这 8 个站点的通量观测数据和气象数据（https://ameriflux.lbl.gov/）。值得一提的是，由于涡动相关技术在观测通量中经常会出现能量不闭合现象，在分析过程中将能量闭合率低于 0.8 的数据进行了排除。同时，为了获得更为准确的地表蒸散发观测数据，利用 RE（Residual Energy）校正方法和 BR（Bowen Ratio）校正方法对地表蒸散发观测数据进行了校正。

表 6.1　美国通量网站点信息表：站点代码（Site ID）、KOPPEN-GEIGER 气候模式（K-G）、纬度（Lat）、经度（Lon）、海拔（Elevation）、干旱指数（AI）、数据范围（Data period）

Site ID	K-G*	Lat	Lon	Elevation/m	AI**	Data period
US-A32	Cfa	36.82	−97.82	335	0.54	2015—2017
US-AR2	Dsa	36.64	−99.60	646	0.51	2009—2011
US-Aud	Bsk	31.59	−110.51	1 469	0.19	2003—2007
US-FPe	Bsk	48.31	−105.0	634	0.22	2005—2007
US-Fwf	Csb	35.45	−111.77	2 270	0.25	2007—2010
US-Goo	Cfa	34.25	−89.87	87	0.96	2002—2006
US-Ro4	Dfa	44.68	−93.07	274	0.85	2016—2018
US-SRG	Bsk	31.79	−110.83	1 291	0.18	2012—2017

注：*K-G 是使用最广泛的气候分类系统之一，它将气候分为 5 个主要的气候组，每个组根据季节降水和温度模式进行划分。

**AI 定义为年平均降水量与潜在 ET 的比值。基于 AI 的干旱判定如下：AI<0.05（超干旱），0.05 ≤ AI<0.20（干旱），0.20 ≤ AI<0.50（半干旱），0.50 ≤ AI ≤ 0.65（半湿润），AI>0.65（湿润）。

在本研究中，MODIS 是主要的卫星数据源，该数据均来自美国地质调查局官方网站（https://lpdaacsvc.cr.usgs.gov/appeears/task/point）。其中，MOD09GA 反射率数据和 MOD11A1 地表温度数据是估算蒸散发的主要输入参数。此外，对地表温度数据质量进行了筛选控制。具体地，满足"晴空、数据质量好、无云阴影、无雪、平均反射率误差小于 0.2 以及平均地表温度误差小于 1K"的地表温度才被用来作为输入参数。除此之外，利用增强植被指数 EVI 计算植被覆盖度 f：

$$f = \frac{EVI - EVI_{min}}{EVI_{max} - EVI_{min}} \quad (6.13)$$

式中，EVI_{min} 和 EVI_{max} 分别表示裸土和浓密植被对应的 EVI，一般可以设为 0.05 和 0.95。

EVI 可以利用 MOD09GA 反射率数据计算得到：

$$EVI = G \times \frac{\rho_{nir} - \rho_{red}}{\rho_{nir} + C_1 \times \rho_{red} - C_2 \times \rho_{blue} + L} \quad (6.14)$$

式中，ρ_{nir}、ρ_{red}、ρ_{blue} 分别为近红外、红、蓝波段反射率；L 可以设置为 1；系数 C_1 和 C_2 是气溶胶阻力项，可以设置为 6 和 7.5；G 为增益系数，可以设置为 2.5。

6.2.2　地表蒸散发反演结果与分析

针对基于特征空间模型的地表蒸散发反演方法中表层与根层土壤水分同步变化和异步变化这两种假设，分别反演得到了不同气候条件下的蒸散发。图 6.2 显示了 8 个美国通量网站点反演的 ET 与实测 ET 散点图。当假设表层与根层土壤水分同步变化时，反演与观测的 ET 之间的决定系数变化范围为 0.1～0.68，偏差在 −20～110 W/m²，均方根误差在 70～120 W/m²；与此同时，当假设表层与根层土壤水分异步变化时，反演与观测的 ET 之间的决定系数变化范围为 0.16～0.75，偏差在 30～130 W/m²，均方根误差在 70～140 W/m²。尽管排除了能量闭合率小于 0.8 的原始观测数据，但仍然存在部分未分配的能量。因此，进一步利用 RE 和 BR 校正方法对观

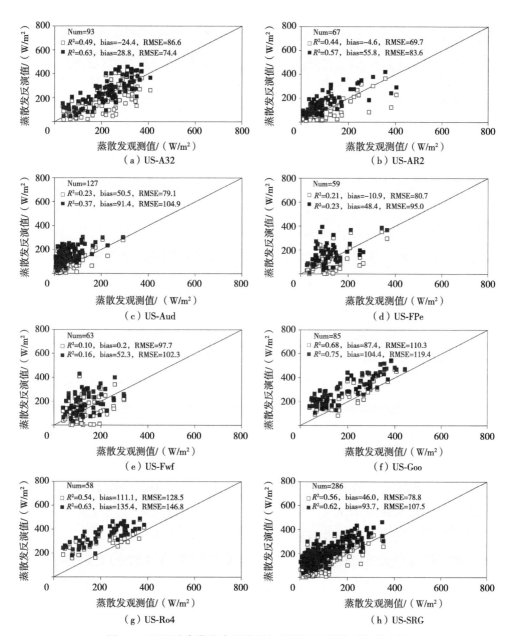

图 6.2 不同站点蒸散发反演值与原始观测值的对比散点图

注：空心正方形表示"同步假设"模型反演的蒸散发，实心正方形表示"异步假设"模型反演的蒸散发。

测的 ET 进行校正，以获得更为可靠的 ET 观测数据。需要指出的是，RE 校正方法是将不平衡的能量直接分配给潜热通量；BR 校正方法则是将剩余的能量按照波文比分别分配给潜热和显热通量。除此之外，根据干旱指数 AI，将上述 8 个站点分为 3 组：其一，AI 大于 0.65 的湿润条件站点；其二，AI 为 0.2 ~ 0.65 的半干旱和半湿润条件站点；其三，AI 为 0.05 ~ 0.2 的干旱条件站点。

根据各站点 AI 计算结果，US-Goo 和 US-Ro4 属于湿润气候条件。图 6.3 描述了这两个站点估算的蒸散发和经过 BR 或 RE 校正后蒸散发之间的均方根误差及偏差。从结果来看，对于 US-Goo 站点，蒸散发观测值经 RE 校正后，无论是在梯形特征空间里考虑表层与根层土壤水分同步变化还是异步变化，均方根误差均低于 80 W/m²，与未经校正的结果相比，均方根误差显著降低。类似地，蒸散发观测值经 BR 校正后，反演的蒸散发也表现出较好的精度，均方根误差约为 90 W/m²。同样的结果也发生在 US-Ro4 站点：经过 RE 校正之后，US-Ro4 反演的蒸散发均方根误差约为 80 W/m²，而经过 BR 校正之后，蒸散发均方根误差从 140 W/m² 左右降低至 110 W/m² 左右。除了均方根误差，蒸散发观测值经过校正之后，反演结果的偏差也明显缩小。具体地，经过 RE 校正之后，偏差为 30 ~ 50 W/m²。同时发现，经过 BR 校正之后，偏差仍然较大。这些研究结果表明，地表蒸散发观测数据在对反演结果进行验证之前有必要进行合理的能量不闭合校正。特别地，在湿润气候条件的站点，RE 校正的结果优于 BR 校正。此外，无论采用哪种校正方案，相较于"异步假设"方案，"同步假设"方法都能获得更好的反演精度，这表明在水分充足的湿润地区，可能并不需要特别考虑表层与根层土壤水分分别对土壤蒸发与植被蒸腾的不同响应特征。

根据各站点 AI 计算结果，US-A32、US-AR2、US-FPe 以及 US-Fwf 这四个站点属于半干旱半湿润气候条件。图 6.4 描述了这四个站点估算的蒸散发和经过 BR 或 RE 校正后蒸散发之间的均方根误差及偏差。从结果可知，"异步假设"模型估算的蒸散发的均方根误差为 60 ~ 80 W/m²，而"同步假设"模型估算的蒸散发的均方根误差为 80 ~ 120 W/m²。这些结果说明，在半干旱半湿润气候条件下，需要考虑表层与根层土壤水分分别对土壤蒸发与植被蒸腾的不同响应特征，才能获得更合理的蒸散发数据。这是与湿润气候条件显著不同的地方。此外，对于同一假设方案，不同的地表蒸散发

校正方案表现也不相同：其一，对于"同步假设"特征空间，BR 校正结果
稍优于 RE 校正；其二，对于"异步假设"特征空间，RE 校正则比 BR 校
正的效果更好。除了均方根误差之外，蒸散发观测值经过校正之后，反演
结果的偏差也明显得到改善。从结果可以清晰地看到，BR 校正对应的偏差
为 $-25 \sim 80$ W/m^2，而 RE 校正的偏差显著改善，为 $-30 \sim 35$ W/m^2。

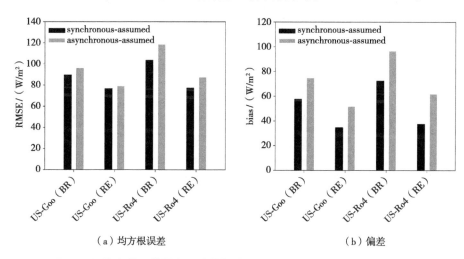

（a）均方根误差　　　　　　　　（b）偏差

图 6.3　湿润条件下蒸散发反演值与校正后的观测值之间的精度统计信息

注：黑色表示"同步假设"方法，灰色表示"异步假设"方法。

上述结果表明，考虑表层土壤水分与根层土壤水分同步变化的梯形特
征空间很可能会低估半干旱半湿润气候条件下的蒸散发。因此，在半干
旱半湿润气候条件下，需要考虑根层土壤水分对植被蒸腾的影响，这也
是"异步假设"特征空间发展的重要动机。从另一个角度来看，当土壤水
分是蒸散发的限制条件时，考虑表层和根层的异步变化更为合理。从数
据分析结果来看，针对"同步假设"模型反演得到的地表蒸散发的低估
现象，在"异步假设"方案中均能得到显著改善，使得偏差处于更为合理
的 $-30 \sim 35$ W/m^2。因此，本研究初步认为，在半干旱半湿润气候条件，地
表蒸散发反演需要考虑表层与根层土壤水分分别对土壤蒸发与植被蒸腾的
不同影响特征。

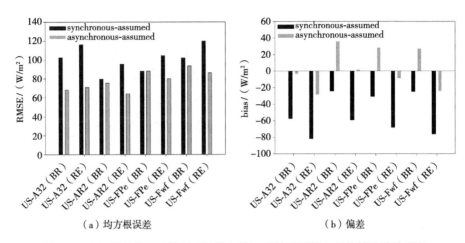

（a）均方根误差 　　　　　（b）偏差

图 6.4　半干旱条件下蒸散发反演值与校正后的观测值之间的精度统计信息

注：黑色表示"同步假设"方法，灰色表示"异步假设"方法。

基于各站点 AI 计算结果，US-Aud 和 US-SRG 属于干旱气候条件。图 6.5 描述了这两个站点估算的蒸散发和经过 BR 或 RE 校正后蒸散发之间的均方根误差及偏差。从结果来看，RE 校正能够使得这两个站点反演的地表蒸散发均方根误差提升至 60 W/m² 左右，且在地表蒸散发反演中"异步假设"要优于"同步假设"。与此同时，经 BR 校正之后，"同步假设"模型估算的地表蒸散发的均方根误差约为 70 W/m²，而"同步假设"模型估算的地表蒸散发的均方根误差约为 95 W/m²。这些结果表明，在干旱气候条

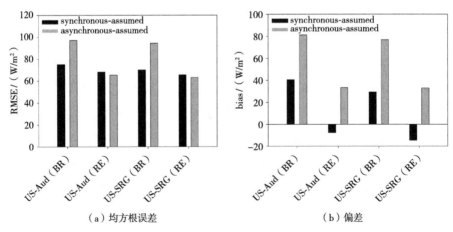

（a）均方根误差 　　　　　（b）偏差

图 6.5　干旱条件下蒸散发反演值与校正后的观测值之间的精度统计信息

注：黑色表示"同步假设"方法，灰色表示"异步假设"方法。

件下，RE 校正比 BR 校正与实际观测值更为接近。除了均方根误差，蒸散发观测值经过校正之后，反演结果的偏差也表明 RE 校正表现更佳。从结果可知，地表蒸散发观测值经过 RE 校正之后，"同步假设"模型估算的地表蒸散发的偏差约为 $-10\ \text{W/m}^2$，而"异步假设"模型估算的地表蒸散发的偏差约为 $30\ \text{W/m}^2$。与此同时，这两种情况下，经过 BR 校正后的偏差分别为 $35\ \text{W/m}^2$ 和 $80\ \text{W/m}^2$。这些结果进一步证实了 RE 校正方案在干旱气候条件下要优于 BR 校正方案。

6.2.3 表层、根层土壤水分同步、异步变化讨论

增强不同干旱条件下土壤蒸发与植被蒸腾的区分效果以及监测根层土壤水分的变化是"异步假设"模式发展的一个初衷。尤其是当地表蒸散发的限制条件是水而不是能量的情况下，考虑表层与根层土壤水分的异步变化，可能是一种更为合理的选择与解释。显然，这类情况大多发生在半干旱半湿润地区。事实也是如此，研究表明，半干旱半湿润条件下的四个站点考虑表层土壤水分与根层土壤水分异步变化模式获取的地表蒸散发拥有更好的精度。相反，在湿润的气候条件下，水分并不是蒸散发的限制因素，此时不同深度土壤层中的水分运移不再是控制蒸散发的关键因子。因此，在这种气候条件下，表层土壤水分与根层土壤水分异步变化模式下的土壤蒸发比与植被蒸腾比都将被高估，从而导致地表蒸散发的高估。本研究在湿润站点的结果也证实了这一判断。基于这些研究结果，可以判定，在湿润条件下，考虑表层土壤水分与根层土壤水分异步变化并不会比考虑表层土壤水分与根层土壤水分同步变化更有优势。从另一个角度来看，在湿润气候条件下，当利用特征空间模型反演地表蒸散发时，不必过多考虑表层土壤水分与根层土壤水分对土壤蒸发与植被蒸腾的影响特征。在干旱气候条件下，很难确定哪种土壤水分变化解译模式更优，不同的蒸散发校正方案也会对结果产生不同的影响，但无论如何，基于表层土壤水分与根层土壤水分同步变化的假设能够获得相对稳定的蒸散发反演结果。

BR 校正和 RE 校正是目前两个常用的地表蒸散发观测值校正方法。然而，迄今为止，很少有研究深入探讨这两种校正方法的适用条件，尤其是

研究表层与根层土壤水分不同变化模式对基于特征空间模型的地表蒸散发反演结果的影响。根据这两种校正方法中的不闭合能量分配原理，蒸散发经 RE 校正总是能够获得相较于 BR 校正更多的校正量。在本研究中的典型例子是 US-Aud、US-Goo、US-Ro4 和 US-SRG 这四个站点。根据结果可知，无论是何种表层与根层土壤水分的变化模式，四个站点反演的地表蒸散发都呈现出显著的高估现象。理论上，当地表蒸散发被显著高估时，RE 校正是更优的选择。相反，当地表蒸散发被低估时，RE 校正可能会进一步降低地表蒸散发的反演精度。在本研究中的典型例子是 US-A32、US-AR2 以及 US-FPe，基于表层与根层土壤水分同步变化的模式下，RE 校正的偏差比 BR 校正的偏差更低，说明在这种情况下 BR 校正要优于 RE 校正。

综合以上讨论结果，可以得到如下初步结论：其一，在半干旱半湿润气候条件，在地表蒸散发反演中考虑表层土壤与根层土壤水分的异步变化模式要优于考虑表层土壤与根层土壤水分的同步变化模式；其二，在湿润与干旱气候条件下，地表蒸散发观测数据的 RE 校正效果优于 BR 校正；其三，在半干旱半湿润气候条件，如果采用 RE 校正，对于蒸散发反演来说，考虑表层土壤与根层土壤水分的异步变化模式优于表层土壤与根层土壤水分的同步变化模式。特别需要强调，虽然能量闭合校正在理论上一般能够提升地表蒸散发反演的验证精度，但也有可能会降低验证精度，因此，很难确定能量闭合校正是否在所有情况下都是有必要的，这主要是因为无法判断不闭合的能量在实际中究竟应该如何分配。

特别地，对于表层土壤与根层土壤水分的异步变化模式的特征空间模型，进一步探讨了在实际应用中有多大概率会出现表层与根层土壤水分两种不同状态，即：表层土壤水分先完全蒸发而后根层土壤水分受蒸腾胁迫，或表层土壤水分受蒸发胁迫而根层土壤水分充足。图 6.6 显示了在上述 8 个美国通量网站点中分别属于这两类情形的像元分布情况。从结果可知，绝大多数像元都出现在了表层土壤水分受蒸发胁迫而根层土壤水分充足这个区间，即在现实中，很少会出现表层土壤与根层土壤水分的异步变化模式中假定的表层土壤水分先完全蒸发而后根层土壤水分受蒸腾胁迫现象。客观来说，这是完全合理的，因为表层土壤中的水分很难完全干涸，除非发生严重的干旱并持续很长一段时间。

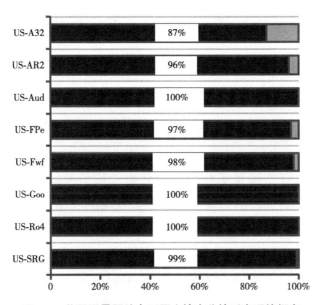

图 6.6　美国通量网站点不同土壤水分情形出现的频率

注：黑色表示表层土壤水分受蒸发胁迫而根层土壤水分充足，灰色表示表层土壤水分先完全蒸发而后根层土壤水分受蒸腾胁迫。

6.3　全天候地表蒸散发反演与验证

6.3.1　云覆盖像元蒸散发估算

对于云覆盖像元，利用经典的 Penman-Monteith 公式计算蒸散发：

$$ET = \frac{\Delta(R_n - G) + \rho C_p \times VPD / r_a}{\Delta + g(1 + r_s / r_a)} \qquad (6.15)$$

式中，各参数含义与式（3.6）相同，r_s 为地表阻抗（s/m）。

除此之外，还需要获取净辐射 R_n。将净辐射 R_n 表示为短波净辐射 $R_{n,s}$ 和长波净辐射 $R_{n,l}$ 之和：

$$R_n = R_{n,s} + R_{n,l} \qquad (6.16)$$

式中，$R_{n,s}$ 表示为地表反照率（α）与太阳辐射（R_g）的函数，$R_{n,1}$ 则根据 Zhou et al.（2013）的研究结果，可以表示为 $R_{n,s}$ 的线性关系：

$$R_{n,s} = (1-\alpha)R_g \qquad (6.17)$$

$$R_{n,1} = -0.204R_{n,s} + 1.83 \qquad (6.18)$$

本研究选择山东禹城农田生态系统国家野外科学观测研究站（以下简称禹城站，Yucheng Comprehensive Experimental Station，YCES）为研究站点，选择该研究站最重要的原因是获取了该研究站 2010 年 4 月 1 日至 2010 年 10 月 31 日完整的气象数据和蒸散发观测数据。

根据晴空与云覆盖像元地表蒸散发反演方法的描述，反演晴空和有云像元蒸散发所需的数据主要包括两个部分：遥感数据和气象数据。与全天候高空间分辨率土壤水分反演一致，本研究用来反演生产全天候蒸散发的遥感数据选择了 MODIS 陆表产品，主要包括每天地表温度与比辐射率产品 MOD11A1、每天的反射率产品 MOD09GA、8 天合成的反射率产品 MOD09A1、16 天合成的植被指数产品 MOD13A2、8 天合成的叶面积指数产品 MOD15A2。气象数据选用了研究站自动气象站观测的气象数据。此外，还获取了研究站大孔径闪烁仪（Large Aperture Scintillometer，LAS）数据，用来对遥感反演结果进行分析。在这一时期，除去 LAS 和气象数据的缺失，一共获得了 163 天的数据，其中包括 106 个云天和 57 个晴天。

6.3.2　结果与讨论

由于可利用能量（R_n-G）是蒸散发的主要来源，分析了晴天和云覆盖条件下估算的可利用能量。图 6.7 显示了晴天和云覆盖条件下估算与实测的可利用能量散点图。其中，对于晴天像元，纵轴中净辐射 R_n 是按照 Kustas and Norman（2000）方法分解得到的土壤净辐射（$R_{n,s}$）和植被净辐射（$R_{n,c}$）分量之和；对于云覆盖像元，可利用能量（R_n-G）利用观测的太阳辐射和日尺度的 MOD09GA 获取的像元地表反照率计算。采用日尺度的 MOD09GA 而不是 8 天合成的 MOD09A 来获取地表反照率，主要是考虑到地表反照率是影响可利用能量的重要因子。

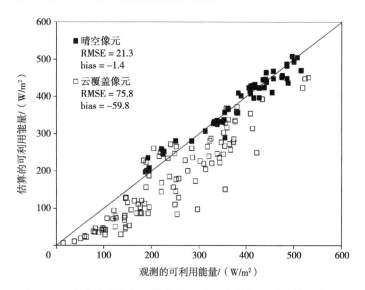

图 6.7　禹城站所在像元估算的可利用能量与观测值的散点图

注：黑色方框表示晴空像元，白色方框表示云覆盖像元。

从图 6.7 可以看出，反演的晴空像元可利用能量与观测值呈现很好的相关性，均方根误差为 21.3 W/m²，偏差为 −1.4 W/m²，说明利用 Kustas and Norman（2000）方法分解得到的土壤净辐射和植被净辐射具有较高的精度，从而保证了利用净土壤和植被可利用能量分量计算特征空间四个特征点温度的精度。此外，可以看到云覆盖像元反演的可利用能量与观测值的均方根误差为 75.8 W/m²，偏差为 −59.8 W/m²。显然，反演的云覆盖像元可利用能量被严重低估了，这主要是由于云的干扰，导致基于日尺度的 MOD09GA 数据高估了云覆盖像元的地表反照率。

图 6.8 显示了 YCES 所在像元晴天和云覆盖条件下基于 MOD09GA 计算的地表反照率。从图中可知，晴空像元的地表反照率为 0.113 ~ 0.282，而云覆盖像元的地表反照率为 0.129 ~ 0.833，平均值高达 0.395，这证实了利用 Tasumi et al.（2008）提出的基于 MOD09 反射率产品计算地表反照率的方法只适用于晴空像元。因此，对于云覆盖像元，利用 8 天合成的

MOD09A1 代替 MODGA 来计算地表反照率。需要注意的是，虽然图 6.7 所示的云覆盖像元可利用能量被低估，但其与观测值之间其实呈现出较好的相关性，决定系数达到了 0.840，这说明有可能利用一个简单的偏差校正就能获得较好的反演值。然而，这一点有待进一步深入的研究。

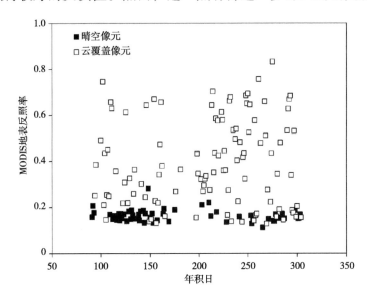

图 6.8　不同年积日禹城站所在 MODIS 像元地表反照率

注：黑色方框为晴空像元，白色方框为云覆盖像元。

基于 8 天合成 MOD09A1，重新计算了云覆盖像元可利用能量，图 6.9 显示了云覆盖像元估算的可利用能量与观测值的散点。具体采用两种方法来反演有云像元的可利用能量：方法一中地表反照率基于 8 天合成 MOD09A1 计算得到；方法二中直接利用观测的上行太阳辐射来计算可利用能量中的净辐射。需要注意的是，方法二适用于已知上行太阳辐射的条件。

从图 6.9 可知，这两种方法都能很好地获取可利用能量。反演结果与实测值之间的均方根误差分别为 36.5 W/m^2 和 26.5 W/m^2，偏差分别为 −18.5 W/m^2 和 −15 W/m^2。虽然方法二表现出更高的精度，但云覆盖条件下上行太阳辐射通常很难获取，因此，本研究采用方法一来获取有云条件下的可利用能量。与晴空条件相比（RMSE = 21.3 W/m^2，bias = −1.4 W/m^2），虽然反演的可利用能量的精度稍有降低，但与目前利用遥感数据获取的最好结果基本相当。

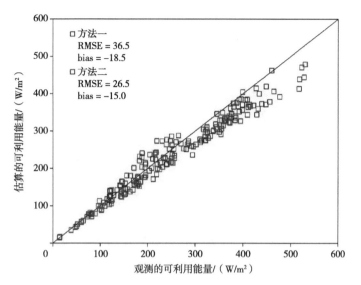

图 6.9　云覆盖像元估算的可利用能量与观测值散点图（见文后彩图）

注：蓝色方框为方法一，红色方框为方法二。

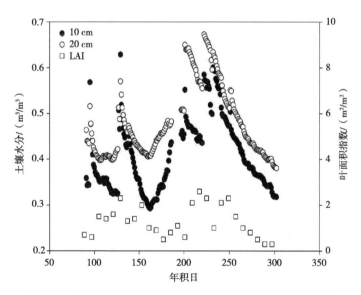

图 6.10　不同年积日禹城站时间序列土壤水分与叶面积指数

图 6.10 为禹城站研究期内的土壤水分和叶面积指数变化。从图中可以看出，10 cm 和 20 cm 深处的土壤体积含水量基本在 0.3 m³/m³ 以上，这表明该地区处于较为湿润的状态。此外，从叶面积指数来看，该地区叶面积指数的值几乎都低于 2.5 m²/m²。由此可以做出初步判断，在该地区的蒸发中，土壤蒸发将占据主导地位，而植被蒸腾处于次要地位。基于该判断，在接下来的研究中，将采用两种方法来确定用于有云像元蒸散发估算的 Penman-Monteith 公式中的地表阻抗：第一种是基于 Todorovic（1999）提出的方法将 r_s 表示为气象阻抗的函数；第二种是基于 YCES 地区地表湿润且生物量较低的实际情况，考虑利用简单的土壤表面阻抗 r_{soil} 代替地表阻抗 r_s 的方案 Norman et al.（1995）。

图 6.11 为反演的禹城站所在像元蒸散发与 LAS 获取的蒸散发散点图。从图中可以看出，反演的蒸散发与从 LAS 得到的蒸散发基本均匀地分布在 1：1 线两侧，表明本研究提出的方法能够较好地捕抓蒸散发时间序列变化。其中，对于晴空像元，反演的蒸散发与 LAS 蒸散发的均方根误差为 57.3 W/m²，偏差为 18.2 W/m²，反演结果表现出较高的精度。对于云覆盖像元，利用上述两种方法获取地表阻抗估算的蒸散发精度并没有明显差异。

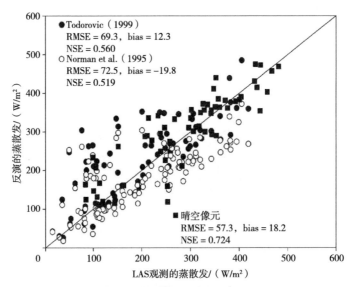

图 6.11 禹城站所在像元反演的蒸散发与 LAS 获取的蒸散发之间散点图

注：圆圈表示云覆盖像元的两种地表阻抗参数化方法（Todorovic，1999 和 Normal et al.，1995），黑色实心方框表示晴空像元。

总的来说，利用 Todorovic（1999）方法获取的地表阻抗来估算蒸散发表现出更高的精度。从整体结果来看，总的均方根误差为 65.3 W/m^2，偏差为 14.4 W/m^2，表明本研究提出蒸散发反演模型能够获得较好的精度。此外，晴空和云覆盖像元蒸散发反演方法的 Nash Sutcliffe efficiency（NSE）均超过了 0.5，其中，在晴空像元，NSE 甚至高达 0.724，进一步表明晴空像元蒸散发反演方法的可靠性。同时，利用 Todorovic（1999）方法获取的地表阻抗估算云覆盖像元蒸散发的 NSE 也达到了 0.56，表明该方法的可行性。需要强调的是，基于热红外信息的晴天像元蒸散发反演精度比没有使用热红外信息的云覆盖像元蒸散发反演精度提高了 12 W/m^2，这在一定程度上说明了热红外信息能够提高蒸散发反演精度。

6.4 全国全天候蒸散发产品研发

与生产全天候土壤水分产品类似，设定的全天候蒸散发产品地理覆盖范围也是整个中国的陆地区域（包含港澳台地区）。所用遥感数据和气象数据也相同，只是生产全天候蒸散发产品不需要土壤质地数据。图 6.12 是生产全国全天候蒸散发产品的流程，其中晴天像元的蒸散发是利用传统的特

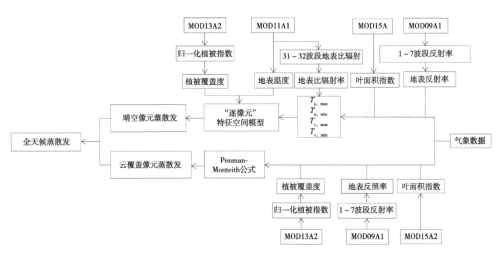

图 6.12 全天候蒸散发产品生产流程

征空间方法反演得到的，而云覆盖像元的蒸散发是利用 Penman-Monteith 公式计算的。值得注意的是，本研究发展的全天候蒸散发反演方法所需要的数据与生产全天候高空间分辨率土壤水分产品的相同。此外，这些输入数据（遥感数据和气象数据）均属于晴空像元和有云像元蒸散发反演中的必要输入数据。从另一方面来看，利用本研究发展的全天候蒸散发反演方法生产蒸散发产品，并不需要增加额外的数据源。

6.5　流域尺度全天候蒸散发反演

地表蒸散发强烈而复杂的时空异质性为水文、气候及农业等方面研究带了挑战。为加深对蒸散发空间分布的全局认识和局部理解，本节进一步地揭示蒸散发反演方法在流域尺度上的表现以及探索输入环境要素对蒸散发的复杂交互作用，以期获得蒸散发定量遥感反演的最优方案。为了需求高精度区域尺度蒸散发的各相关领域提供可靠数据支持。

6.5.1　研究区与数据

黑河流域位于我国西部甘肃省境内，面积约为 14.29 万 km^2，经纬度范围 97°~102°E、38°~43°N（图 6.13）。该流域的气候主要受到中高纬度西风带环流以及极地冷气团的影响，从上游到中游、下游，以水为纽带，形成了"冰雪/冻土—森林—草甸—人工/天然绿洲—荒漠—湖泊"的多元自然景观。流域内寒区和干旱区并存，地表异质性显著，尤其是山区冰冻圈和极端干旱的河流尾闾地区形成了鲜明对比。因此，深刻理解该流域内水循环和地气之间的能量交换具有十分重要的意义。除此之外，该流域内由中国科学院西北生态资源环境研究院主导开展一系列长期的生态水文实验积累了丰富的水文气象观测数据，为研究工作的开展奠定了良好的基础。

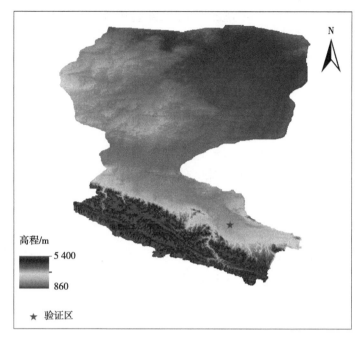

图6.13　研究区的高程分布图（见文后彩图）

　　在本章节中，涉及的地面观测数据包括：自动气象站观测数据和基于涡动的蒸散发观测数据。具体地说，2012年5月底至9月中旬由中国科学院西北生态资源环境研究院主导的"黑河流域生态—水文过程综合遥感观测联合试验"在黑河流域中游地区布置了一个涡动相关仪以及自动气象站系统，能够同步获取相关气象和蒸散发观测数据，为研究黑河流域全天候蒸散发的反演和评估提供了很好的数据支持。本研究涉及的地面观测数据均可从寒区旱区科学数据中心（http://westdc.westgis.ac.cn/）官网免费下载。特别地，在比较了不同站点数据观测时间长短的差异后，选取研究区内2012年6月1日至9月15日的观测数据开展相关研究。此外，基于下垫面和距离条件选择了其中四个具有代表性的站点来研究区域尺度全天候蒸散发反演，表6.2给出了这四个站点的编号名称、下垫面、高程、观测仪器、测量高度及经纬度信息。

表 6.2 黑河生态水文遥感试验通量观测站点信息

站名	下垫面	高程 /m	观测仪器	测量高度 /m	经纬度
1 号站点	蔬菜	1 552.75	涡动相关仪	3.8	100.358 13°E，38.893 22°N
7 号站点	玉米	1 556.3	涡动相关仪	3	100.365 21°E，38.876 76°N
10 号站点	玉米	1 534.73	涡动相关仪	4.8	100.395 72°E，38.875 67°N
17 号站点	果园	1 559.63	涡动相关仪	7.0	100.369 72°E，38.845 10°N

在流域尺度蒸散发产品的研发中，使用的遥感数据依然是 MODIS 产品。目前，MODIS 已经发布了多种陆表和大气产品数据，在全球范围内得到了广泛的应用和认可。表 6.3 中描述了本章节中使用的 MODIS 产品及其参数的详细信息，包括：产品名称、时间分辨率、空间分辨率以及参数。

表 6.3 MODIS 数据详情

名称	时间分辨率	空间分辨率 /m	参数
MOD021KM	每天	250、500	1~7 波段大气顶部的辐射亮度和反射率
MOD03	每天	1 000	经度、纬度、太阳天顶角和方位角
MOD05_L2	每天	1 000	大气可降水量
MOD35_L2	每天	1 000	云掩膜数据
MOD09A1	8 天	500	1~7 波段反射率，太阳天顶角
MOD11A1	每天	1 000	地表温度，31~32 波段比辐射率
MOD13A2	16 天	1 000	归一化植被指数
MOD15A2	8 天	500	叶面积指数

MODIS 产品数据均可从 LAADS DAAC（Level-1 and Atmosphere Archive and Distribution System Distributed Active Archive Center）（https://

ladsweb.modaps.eosdis.nasa.gov/search/）网站免费下载。需要强调的是，使用 MOD021KM、MOD03 和 MOD05_L2 产品反演地表短波净辐射，而 MOD09A1、MOD11A1、MOD13A2 和 MOD15A2 则作为全天候蒸散发反演的输入参数。考虑到 MOD09A1 中地表反射率数据和 MOD15A2 中叶面积指数在 8 天时间内变化较小，因此，在蒸散发的反演时，连续 8 天时间的参数输入均使用同一产品的 8 天合成数据。此外，由于植被覆盖度是特征空间方法的重要输入参数之一，同时考虑到生长季节植被的快速增长，MOD13A2 的 16 天合成归一化植被指数则采用 hants 滤波后插值获得每天的植被指数（Leaf area index，LAI）（Zhou et al.，2015）。特别地，所有数据在使用时均被重采样到 1 km 空间分辨率。

此外，格网气象数据是中国气象局陆面数据同化系统产品 CLDAS-v1.0。该数据能够在中国气象数据网站（http://data.cma.cn/）免费下载，覆盖范围为亚洲东部区域（0°~60°N，70°~150°E），空间分辨率为 0.062 5°，时间分辨率为 1 h。需要说明的是，本章节使用到的气象要素包括短波辐射、气温、风速和比湿，如图 6.14 所示。上述气象数据均被重采样至与 MODIS 数据相同的空间分辨率。

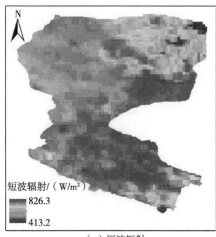

（a）短波辐射

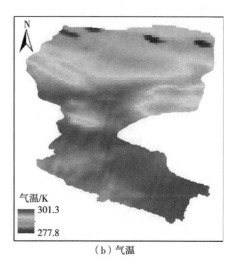

（b）气温

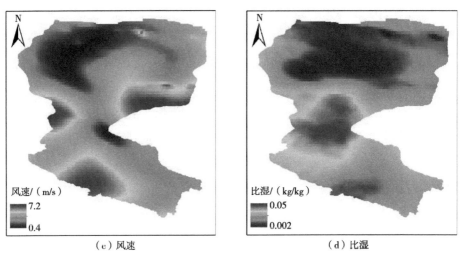

（c）风速 （d）比湿

图 6.14　2012 年 6 月 1 日 CLDAS 产品的不同气象要素（见文后彩图）

6.5.2　结果与讨论

需要注意的是，气象数据是影响地表蒸散发反演精度的重要环境要素。因此，在研究中，首先评估了重采样后的 CLDAS 格网气象数据的精度，包括短波辐射、风速、气温以及比湿，如图 6.15 所示。验证数据包含了四个站点的所有可利用数据集，验证时忽略 CLDAS 格网气象数据像素大小与站点尺度的失配。从图 6.15 中可以明显看出短波辐射和风速误差相对较大。一个合理的解释是 CLDAS 产品合成的主要数据来源于全国气象观测站，精度受到气象站点疏密的影响，导致在缺少气象站点的西部区域数据精度有所下降。考虑到短波辐射是蒸散发驱动的能量来源，其精度的高低直接限制了蒸散发估算的精度。在此研究基础之上，研究考虑利用 Tang et al.（2006）提出的方法。该方法基于 MODIS 数据估算短波净辐射，最终计算结果被用来替代 CLDAS 中的短波辐射作为全天候蒸散发反演的输入参数。此外，在气象数据精度分析的研究中，利用基于 MODIS 的短波净辐射和地表反照率计算获得的短波辐射与 CLDAS 短波辐射进行对比。需要强调的是，目前尚无可行的遥感方法用于反演获得风速参量。由于风速在站点尺度上剧烈的波动，对于像素尺度的风速与站点尺度瞬时风速的比较，误差较大的结果是可预见的。值得注意的是，风速在像元和站点尺度上的对比误差通常较大，但对于短期（例如瞬时和日尺度）蒸散发反演的影响较小。

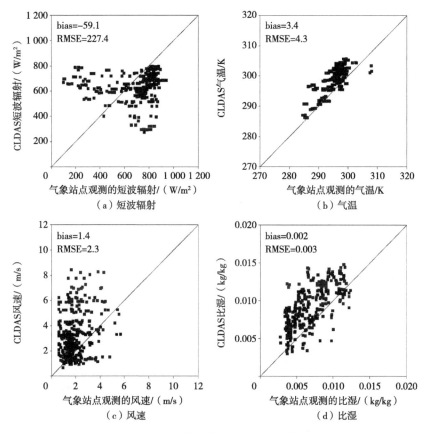

图 6.15　CLDAS 格网气象数据与实测数据对比

如上文所述，经气象数据精度分析之后，研究利用 MODIS 相关产品反演地表短波净辐射。需要强调的是，根据 MOD35_L2 云产品判断每个像元是否受到云影响。此外，研究也评估了基于 MODIS 估算的短波净辐射在黑河流域的可靠性，如图 6.16 所示。从图 6.16 中可以看出，晴空条件下，基于 MODIS 反演的短波净辐射的均方根误差小于 30 W/m²；有云时，均方根误差在 70 W/m² 左右。相比于 CLDAS 的辐射数据精度，基于 MODIS 反演的辐射数据显然具有更高的精度。这为准确估算黑河流域全天候蒸散发提供了充分条件。

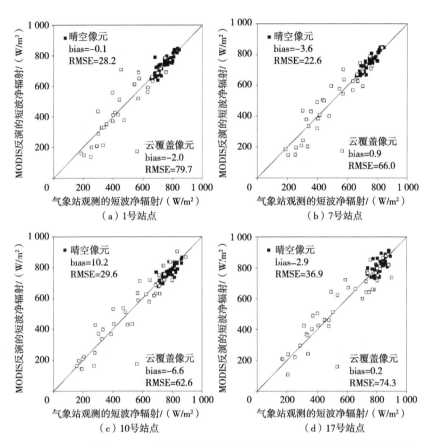

图 6.16　不同站点 MODIS 反演地表短波净辐射与实测地表短波净辐射散点图

　　综上所述，首先评估了蒸散发反演所需的气象格网数据的精度，以确保蒸散发反演所需气象参数精度的可靠性。需要强调的是，为了验证该全天候蒸散发反演框架的可靠性，设置了三组对照输入以便于精度分析和最优方法选择，分别为：方法一，站点气象数据（短波辐射、气温、比湿、风速）和 MODIS 产品数据；方法二，CLDAS（短波辐射、气温、比湿、风速）和 MODIS 相关产品；方法三，CLDAS（气温、比湿、风速）和基于 MODIS 反演的辐射参量及其他 MODIS 相关产品。最后，利用黑河流域四个站点的观测蒸散发数据分别对不同气象驱动方案反演的蒸散发进行验证，验证结果如图 6.17 所示。结果显示，利用站点的气象数据和 MODIS 数据反演获得 ET，RMSE 在 60 W/m² 左右，表现出较高的精度。这个结果初步表明了利用该方法反演全天候蒸散发是可行的。在此研究基础之上，为了获得黑河流域空间连续的蒸散发，利用CLDAS产品（短波辐射、风速、比湿、气温）与MODIS产品探索了黑河流域区域尺度的全天候地表蒸散发反演，并将反演结果与地面实测数据进行了对比验证，四个站点的bias值为 $10 \sim 50$ W/m² ，RMSE值为 $100 \sim 120$ W/m² ，误差相对较大。而采用Tang et al.（2006）的方法估算获得短波净辐射替代精度较低的CLDAS短波辐射数据作为蒸散发反演的参数输入后，蒸散发精度有了明显的提高，其RMSE在 70 W/m² 左右，而bias也得到显著的改善。

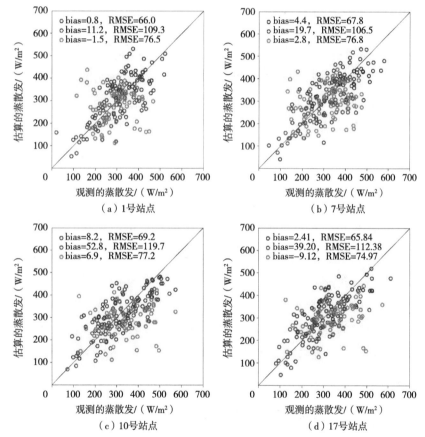

图6.17　不同站点采用不同的气象驱动方案估算的蒸散发和实测蒸散发散点图（见文后彩图）

注：红色为方法一估算的蒸散发与实测蒸散发散点图；绿色为方法二估算的蒸散发与实测蒸散发散点图；蓝色为方法三估算的蒸散发与实测蒸散发散点图。

从另一个角度来说，尽管基于能量平衡的逐像元特征空间方法具有良好的物理基础，然而大量的输入参数也导致了误差的累积和传递。研究通过提高关键输入参数的精度，获得了精度较高的流域尺度全天候蒸散发，为水文、农业及气候等相关研究领域提供基础数据支持。

6.6　地表蒸散发关键气象要素遥感反演方法

6.6.1　近地表气温与相对湿度

近地表气温和相对湿度（或饱和水汽压差）是蒸散发反演的重要参量。其中近地表气温是指近地表观测的大气温度。需要强调的是，近地表气温并不是指近地面层的气温。由于近地表处的气温垂直梯度较大，在实际应用中通常需要假设某一平面高度作为参考，而 2 m 以下气层与人类关系最为密切，因此，有学者专门将 2 m 处的气温划分出来作为近地表气温的参考。气温作为大气环境的重要指标，控制着自然界系统中大多数的生物和物理过程，是许多陆地表面过程模型的重要驱动参量，也是全球记录最频繁的气象数据之一。因此，气温的空间分布通常可以通过传统的插值方法获得。然而，气象站点观测的气温数据无法满足区域尺度的监测要求，特别是在气象站点稀疏的无人区域。而遥感作为区域或全球监测最有潜力的技术手段，已经形成和发展了众多基于遥感数据的气温反演方法。这些方法主要可以归纳为四类：其一，大气廓线外推；其二，地表温度—植被指数方法；其三，基于数据统计的方法；其四，基于能量平衡的方法。表 6.4 给出了这四类方法的简单对比。总的来说，每种方法都有各自的优缺点。

表 6.4　不同近地表气温遥感反演方法对比

方法	优点	缺点	精度 /℃	主要参考文献
大气廓线外推方法	简单易行；不需要辅助数据	有云情况下不适用	2.4~3.47	Zhu et al.（2017a） Famiglietti et al.（2018）

表 6.4 （续）

方法	优点	缺点	精度 /℃	主要参考文献
基于地表温度一植被指数方法	少量输入；模型简单	不适用于低植被覆盖和裸土区域；NDVI$_{max}$ 具有经验性	3.34～6.23	Zhu et al.（2013） Misslin et al.（2018）
基于数据统计方法	原理简明；便于操作	可移植性差；需要大量观测数据	0.62～1.75	Cristóbal et al.（2008） Mohammadi et al.（2018）
基于地表能量平衡方法	普适性强，具有清晰的物理意义	需要大量辅助数据，包括一些遥感难以获取的参数	0.2～2.6	Zhang et al.（2015） Zhu et al.（2017b）

　　在晴空条件下，上述的四种方法都有一定的适用性。然而，除了大气廓线外推方法外，其他三种方法大多要求辅助数据与遥感数据共同求解。对一些把气温当作输入参数之一的陆表模型来说，简易和较高精度的气温参数输入具有十分重要的应用价值。此外，大气廓线外推方法由于简单易行、不需要辅助数据以及可操作性强的特点，得到了科学界广泛的应用，特别是对于复杂陆表模型，通常将该方法估算的气温数据作为参数输入。

　　相对于气温的反演研究，利用卫星观测资料估算空气湿度（包括相对湿度、比湿度、饱和水汽压差等参数）的研究则较少。主要是由于近地面层（通常指离地面 100 m 以下）的气温、风速及湿度参数随高度显著变化，而目前卫星的水汽探测仪垂直分辨率不足以直接从水汽剖面中直接提取地面的湿度参数（包括露点温度和实际水汽压）。关于湿度参数的估算，在以往的研究中主要有：基于大气可降水量（precipitable water vapor，PWV）回归的方法（Prince et al.，1998；Recondo et al.，2013a）、基于 smith 模型方法（Smith，1966；Zhang et al.，2014）及基于数据统计的方法（Baghban et al.，2016）。需要注意的是，这三种方法通常要求地面观测数据和经验参数作为输入，难以满足区域或全球尺度湿度的监测要求。当前，仅有少数研究完全基于卫星观测数据探索了晴空条件下湿度参数的估算（Famiglietti et al.，2018）。此外，在云覆盖条件下获取湿度参数仍然是一个重大挑战。

理论上，大气廓线外推方法可以获取晴空条件下的气温和露点温度的数据，但是有云情况下的推导依然存在困难。因此，本研究试图提出一种新的、实用的、普适的大气廓线外推框架。该方案的输入来自广泛使用的 MODIS 产品（MOD05_L2、MOD06_L2、MOD07_L2）。

首先，气温（T_a）和露点温度（T_d）是计算相对湿度（RH）的关键。根据 Magnus 定义式（Alduchov and Eskridge，1996），RH 被定义为实际水汽压（e_a）和饱和水汽压（e_s）之比：

$$RH = \frac{e_a}{e_s} = \frac{a \times \exp(\frac{b \times T_d}{T_d + c})}{a \times \exp(\frac{b \times T_a}{T_a + c})} = \frac{\exp(\frac{b \times T_d}{T_d + c})}{\exp(\frac{b \times T_a}{T_a + c})} \quad (6.19)$$

式中，a、b 和 c 均是常数，能够被分别设置为 0.611 kPa、17.502 和 240.94℃。

根据上式描述，假如能同时获取 T_a 和 T_d，那么 RH 也能同时获得。而 MODIS 能够提供 20 个气压层的大气温度廓线以及大气湿度廓线数据。在最近的一项研究中，Famiglietti et al.（2018）提出一个完全基于 MOD07_L2 产品，推导晴空条件下 T_a 和 T_d 的简单参数化方案。在每个大气柱中，晴空条件下的 T_a 和 T_d 通过 MOD07_L2 产品大气廓线和地面大气压数据插值到地表压力水平，如下：

$$Z_{lower} = \frac{R}{g} \times (T_{lower} + 273.16) \times \log(\frac{P_{surface}}{P_{lower}}) \quad (6.20)$$

$$Z_{upper} = \frac{R}{g} \times (T_{upper} + 273.16) \times \log(\frac{P_{lower}}{P_{upper}}) \quad (6.21)$$

$$T^{\text{clear}} = T_{\text{lower}} + (T_{\text{lower}} - T_{\text{upper}}) \times \frac{Z_{\text{upper}}}{Z_{\text{lower}}} \qquad (6.22)$$

式中，T^{clear} 为晴空的 T_a 或 T_d；T_{lower} 和 T_{upper} 分别代表距离地表最近层的气温和第二接近层的气温，P_{lower} 和 P_{upper} 是其相应的压力水平；P_{surface} 是由 MOD07_L2 提供表面压力；R 为干空气的气体常数，定义为 287.053 J/（K·kg）；g 为重力加速度，设置为 9.8 m/s²。该方法的原理主要是利用临近地表的两个气压层对应的气温和露点温度计算获得垂直递减率，然后通过地表的气压数据将离地表最近气压层的气温和露点温度插值到地面水平。因此，对于每个晴空像元，一旦获得最接近地面的两个压力等级及其对应的 T_{lower} 和 T_{upper} 值，就可以用 T_{lower} 和 T_{upper} 进行非线性插值来确定晴空条件下的近地表气温 T_a^{clear} 和露点温度 T_d^{clear}。

此外，在以往的研究中，由于云对短波辐射信号的影响，很难从大气廓线中推导出有云情况下的气温和露点温度。在 Zhu et al.（2017）近期的研究中，晴空条件下利用 MOD07_L2 导出的 T_a^{clear} 和 MOD06_L2 导出 LST 数据建立时间序列上的线性回归，然后应用到有云条件推导出有云情况下的气温 T_a^{cloudy}，具体地：

$$T_a^{\text{clear}} = m_1 \times T_s^{\text{clear}} + n_1 \qquad (6.23)$$

在确定了 m_1 和 n_1 回归系数后，由于 MOD06_L2 产品的 LST 数据是多个来源数据合成的、空间连续的完整的地表温度数据。基于晴空下的回归参数应用到有云条件下的 LST 可以获得：

$$T_a^{\text{cloudy}} = m_1 \times T_s^{\text{cloudy}} + n_1 \qquad (6.24)$$

在以往的研究中，通常认为实际水汽压和大气可降水量具有线性关系。此外，基于半物理半经验 Smith 公式，晴空条件下的 e_a 也可以表示或简化为晴空条件下大气可降水量的一元一阶方程。如下：

$$e_a^{\text{clear}} = m_2 \times PWV^{\text{clear}} + n_2 \qquad (6.25)$$

根据 Zhu et al.（2017）的研究思路，对每个像元进行长时间序列的卫星观测，也可以得到 m_2 和 n_2。与 T_a 相似，假设上式中的线性关系也适用于云覆盖像元。由于 MOD05_L2 可以提供空间完整的 PWV，因此，可以在云天条件下获得云覆盖像元上的 e_a^{cloudy}：

$$e_a^{cloudy} = m_2 \times PWV^{cloudy} + n_2 \qquad (6.26)$$

综上所述，基于 MODIS 数据，理论上可以获取全天候空间连续的 T_a 和 RH 数据。此外，为了克服连续时间相对湿度估计的异常值，提高时间序列 RH 数据的质量，采用了 Savitzky-Golay（S-G）（Savitzky and Golay，1964）滤波器来减少 RH 极端值，提高 RH 反演的精度。当 S-G 滤波应用于原始 RH 时间序列时，为了保留数据中的高阶矩，减小滤波带来的偏置，对滤波窗口内的数据进行多项式最小二乘拟合。此外，当信号的典型峰值较窄时，即降水前后，曲线的高度和宽度一般保持不变。

6.6.2 研究区与数据

为了在不同干旱条件下评估所提出的方法，选择了 30 个美国通量站，这些站点主要分布在美国太平洋海岸（USPC）和五大湖区（GLA），具有不同的生态系统和气候模式。具体地说，其中 19 站点位于 USPC 地区（包括 US-Ton、US-Var、US-Twt、US-Snd、US-Lin、US-SCg、US-SCw、US-SCd、US-Fuf、US-Fwf、US-Whs、US-Wkg、US-SRG、US-SRM、US-SRC、US-Aud、US-Ses、US-Wjs、US-Seg），11 个站点位于 GLA 地区（包括 CA-Gro、CA-Cbo、CA-TP1、CA-TP4、US-UMd、US-Ro1、US-Br1、US-Br3、US-IB1、US-IB2、US-Oho）。每个站点的地面气象测量数据（包括 T_a 和 RH）采集时间间隔为 30 min，这些数据均可从 AmeriFlux 网站（https://ameriflux.lbl.gov/）下载获得。研究时间为 2009—2010 年。

使用三种 MODIS 产品 MOD05_L2、MOD06_L2、MOD07_L2 获得全天空的 T_a 和 RH。具体来说，MOD07_L2 可以提供 20 个压力水平垂直分布的全球大气温度和露点温度剖面数据，通过插值到表面压力水平可以获得晴空条件下近地表 T_a 和 T_d。特别地，MOD05_L2 和 MOD06_L2 是空间完整的数据集，它们是获取有云像素的关键参数。值得注意的是，对于这两个研究区域：USPC 和 GLA 分别对应 H8V5 和 H12V4 图幅的 MODIS 卫星图像。

6.6.3　结果与讨论

对估算的 5 km 分辨率全天候的 T_a 和 e_a 分别与实测值进行了对比。排除各站点缺失观测值的天数，USPC 地区和 GLA 分别获得了超过 12 400 个和 8 400 个数据对（估计值和同步观测值）。图 6.18 为 2009—2010 年两个地区各台站的 T_a 和 T_s、e_a 和 PWV 在晴空条件下的线性关系相关系数。T_a 与 T_s 之间、e_a 与 PWV 之间存在显著的线性回归，几乎所有的相关系数都接近或大于 0.8。更具体地说，两个区域的 T_s 和 T_a 之间的相关系数都超过了 0.9，而 e_a 和 PWV 之间的相关系数为 0.7 ~ 0.95。这些结果表明，在晴空条件下的假设是成立的。

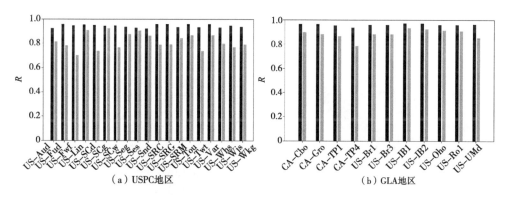

（a）USPC地区　　　　　　　　　　（b）GLA地区

图 6.18　2009—2010 年不同地区气象要素与 MODIS 产品之间的相关系数柱状图

注：黑色表示晴空条件下推导的 T_a 和 MOD06_L2 产品 LST 之间的相关系数；灰色表示晴空条件下推导的 e_a 和 MOD05_L2 产品 PWV 之间的相关系数。

图 6.19（a）和（b）显示了 USPC 地区，在干旱和半干旱条件下，卫星估算和地面测量的 T_a 和 e_a 的散点图。从结果中可以明显看出，在晴空条件下，卫星获得的 T_a 与地面测量值有很好的相关性，bias 为 0.1 K，RMSE 为 3.4 K。云覆盖情况下 T_a 的精度有所下降，bias 为 0.5 K，RMSE 为 4.3 K。至于 e_a 方面，本方法在晴空条件下的 bias 和 RMSE 值分别为 0.97 hPa 和 3.18 hPa，精度与其他大多数研究结果相当，甚至优于前人的研究结果。

与晴空条件下的 e_a 结果相似，在云覆盖条件下，bias 为 -0.26 hPa，RMSE 为 3.41 hPa。

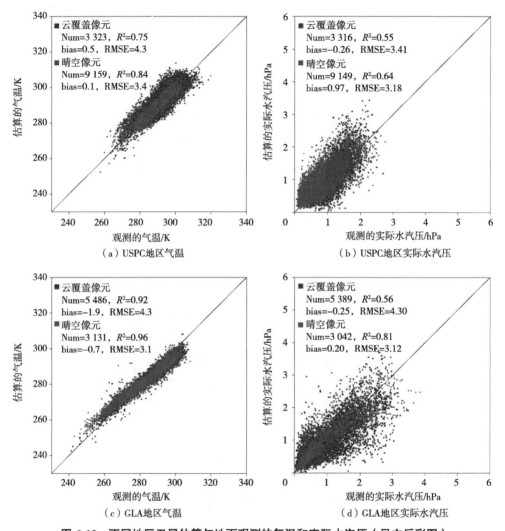

图 6.19　不同地区卫星估算与地面观测的气温和实际水汽压（见文后彩图）

此外，为了研究该方法在不同干旱条件下的表现，该方法在 GLA 湿润地区也进行了实践。图 6.19（c）和（d）分别描述了卫星估算和地面测量的 T_a 和 e_a 的比较。与 USPC 干旱和半干旱地区的结果相比，在晴空条件下（bias 为 -0.7 K，RMSE 为 3.1 K），T_a 也获得了相似的精度，而在云覆盖条件下的 bias 和 RMSE 值分别为 -1.9 K 和 4.3 K。在湿润的 GLA 地区，T_a 和 e_a 可能被低估。一个可能的原因是线性关系的不稳定性。因为与干旱和半干旱地区相比，卫星过境时晴空天数与总天数的比例降低了，即晴空条件下用于构建回归方程的可利用数据减少。另外，晴空条件下 e_a 的 bias 和 RMSE 分别为 0.2 hPa 和 3.12 hPa，而云覆盖条件下的 bias 和 RMSE 分别为 -0.25 hPa 和 4.3 hPa。虽然湿润地区的 e_a 的精度略低于干旱半干旱区，但考虑到湿润地区的云覆盖时间相对于干旱半干旱区明显增多，e_a 的精度仍然是可以接受的。

通过估算的全天候条件下的 T_a 和 e_a，最终可获得相对湿度。同时，较高精度的 T_a 和 e_a 也保证了 RH 估算方法的可靠性。图 6.20 描述了 USPC 地区 19 个站点的可利用数据数量、bias 和 RMSE。总体而言，bias 和 RMSE 的范围分别为 -10%~10%、13%~17%。结果表明该方法在干旱和半干旱地区的 RH 计算中表现良好。此外，图 6.21 描述了 USPC 区域的估算和观测值的整个数据集散点图：2009—2010 年，总体 bias 为 0.4%，RMSE 为 15.3%。大部分 RH 值为 0~60%，在干旱和半干旱地区高度遵循这一原则。结果表明，完全基于卫星数据，该方法可以获得干旱半干旱地区全天候条件下相当精度的 RH。

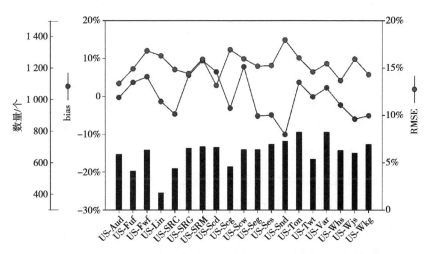

图 6.20 USPC 地区各站点可利用数据、bias 以及 RMSE 统计结果（见文后彩图）

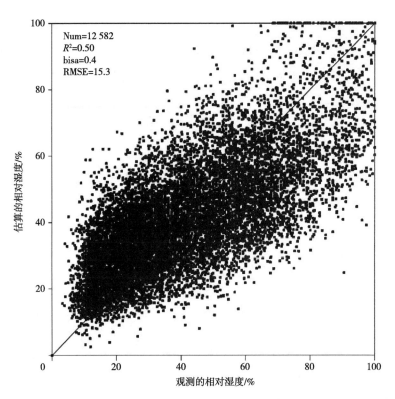

图 6.21 USPC 地区 19 个站点在全天候条件下 *RH* 估算值与观测值对比结果

为与 USPC 的干旱和半干旱地区相对照，该方法在 GLA 湿润地区也进行了演示。图 6.22 描述了 GLA 区域 11 个站点的可用数据量、bias 和 RMSE 值。总体而言，bias 和 RMSE 的范围分别为 −5%～10%、14%～19%，这表明相对于干旱和半干旱的站点，在湿润地区的站点也可以获得相当的准确性。除此之外，图 6.23 描述了 GLA 的整个数据集：2009—2010 年，总体 bias 为 0.8%，RMSE 为 17%。大部分 *RH* 值位于 50%～100%，这与湿润地区的常年高湿度情况吻合。需要强调的是，与干旱半干旱地区相比，湿润地区的 *RH* 精度略有下降。一个合理的解释是，湿润区域有云天数与总天数比例增加导致用于计算 *RH* 的全天候 e_a 在潮湿地区精度相对于干旱半干旱地区有所下降。总的来说，不同干旱条件下的总体精度是可比的，在实际应用中是可接受的。

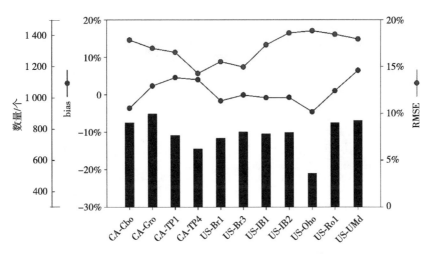

图 6.22　GLA 地区各站点可用数据、bias 以及 RMSE 统计结果（见文后彩图）

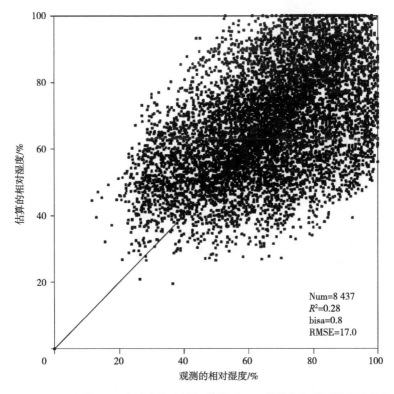

图 6.23　GLA 地区 11 个站点在全天候条件下 RH 估算值与观测值对比结果

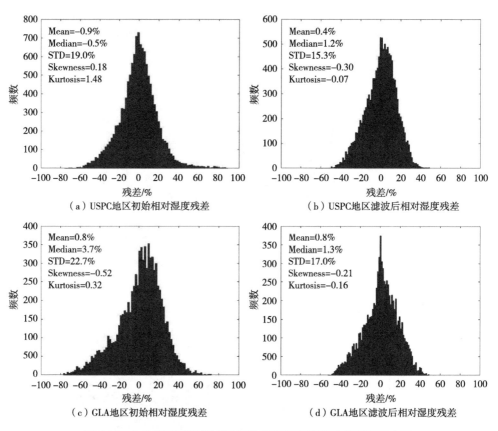

图 6.24　S-G 滤波前后相对湿度估算值与实测值残差频率直方图

此外，将 S-G 滤波应用于初始估计的 *RH* 值来消除异常值。一般而言，除了降水情况外，连续时间变化估算的 *RH* 值应该变化不大。为了进一步研究 S-G 滤波前后估算相对湿度的性能，提供了 USPC 区域和 GLA 区域初始相对湿度与观测相对湿度之间的残差频率直方图，以及 S-G 滤波后相对湿度的残差频率图，如图 6.24 所示。在整个 USPC 区域，初始阶段 *RH* 的均值（mean）、中位数（median）、标准差（STD）、偏度（Skewness）和峰度（Kurtosis）分别为 −0.9%、−0.5%、19%、0.18 和 1.48。此外，在 USPC 地区，大约 89%、75% 和 47% 的初始 *RH* 估计值分别在 30%、20% 和 10% 的绝对残差内。经 S-G 滤波后，上述残差频率统计的总体分布变化为平均值 0.4%、中位数 1.2%、STD 15.3%、偏度 −0.3 和峰度 −0.07。此外，S-G 滤波后残差绝对值在 30%、20% 和 10% 以内的百分比分别为

95%、80% 和 49% 左右。此外，与初始相对湿度估算值相比，S-G 滤波显著降低了残差的极值。在湿润的 GLA 地区也可以得到类似的结果。根据图 6.24 所示的初始 RH 与观测 RH 之间的残差频率直方图，可以得到 GLA 区域的平均值为 0.8%，中位数为 3.7%，STD 为 22.7%，偏度为 −0.52，峰度为 0.32。S-G 滤波后的差异分布以 0.8% 为中心，中位值为 1.3%，STD 值为 17%。图 6.25 展示了 USPC 和 GLA 地区两个站点 RH 估算值与观测值的点折线图。从图中可以看到估算的 RH 基本能够很好地反映出每日 RH 值的变化。

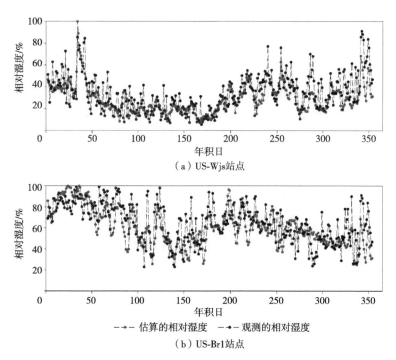

图 6.25　RH 估算值与观测值点折线图（见文后彩图）

与通过遥感数据估算 T_a 的研究相比，关于湿度参数（RH、e_a 或 VPD）的定量反演研究则相对较少，特别是在多云条件下。在以往的研究中，基于数据统计的方法往往能获得相对较高的精度，通常 RMSE 在 10% 左右（Han et al., 2005；Recondo et al., 2013b）。尽管数据统计类方法能获得略高于本方法的精度，但其通常要求大量的观测数据以获取回归方程的参数。Zhang et al.（2014）提出了一种基于卫星的 Smith 模型的半经验半物理方案，利用辅助地面测量，基于 MODIS 数据估计晴空条件下的 VPD 和 e_a，在中国黑河流域估算的 e_a 的 RMSE 精度为 3.3 hPa，估算的 VPD 的 RMSE 范围在 3.2~3.67 hPa。从实际水汽压的结果来看，Zhang et al.（2014）的方法与本方法的精度是相当。Du et al.（2018）使用微波扫描辐射计传感器估算了全球每日 25 km 空间分辨率的全天候 VPD，RMSE 为 4.8~6.9 hPa。总的来说，现有的方法大多受到辅助数据需求的限制，要么易受到云的干扰，抑或具有较粗的空间分辨率。然而，本研究方法在有云条件下依然具有鲁棒性以及不要求辅助数据的特点，与目前大多数可用方法相比具有一定的优越性。

本研究的两项创新之处在于建立 e_a^{clear} 和 PWV^{clear} 之间的回归模型，以及完全基于卫星产品推导全天候 RH 的估算方法。此外，所提出的方法仅以每天的 Terra 卫星数据为例加以说明，其鲁棒性和简洁性表明其在 Aqua 卫星数据或其他卫星或再分析大气剖面数据中的潜在应用价值。此外，通过 MODIS 和其他卫星观测，每天可以获得多个卫星过境时刻的瞬时 5 km 空间分辨率 RH，从而为确定每日最大、最小和平均 RH 提供了依据。特别地，由于叶片气孔导度控制着植物的蒸腾作用过程，而引起蒸腾快速响应的环境条件如 T_a，RH 以及土壤水分等参数的计算，对于准确估算蒸散发具有十分重要的意义。

6.7　本章小结

考虑到基于特征空间的蒸散发反演与土壤水分反演的相似之处，本研究将全天候土壤水分反演的思路引入蒸散发反演中，提出了全天候蒸散发反演方法，并开展了全天候蒸散发产品的研发工作。相比于仅利用气象数据和遥感植被产品估算蒸散发，晴空像元地表温度的引入，能够提高蒸散发的反演精度。基于禹城站观测数据验证表明，晴空像元的蒸散发均方根误差比有云像元能够提高大约 12 W/m^2。相比于传统的热红外地表蒸散发遥感反演，本研究方法能够弥补传统热红外方法在有云条件下的局限，从而提供空间连续的全天候蒸散发数据。在此基础上，本研究基于上述算法，以 MODIS 陆地产品和中国气象局陆面数据同化系统近实时大气驱动场产品为主要数据源，针对中国主要陆地区域以及在流域尺度，开展了全天候蒸散发产品的研发工作。本研究主要结论如下。

首次深入探索了土壤表层、根层土壤水分的同步、异步变化模式对基于特征空间模型的地表蒸散发遥感反演的影响，通过分析不同的不闭合能量校正方案的适用条件，发现了土壤表层、根层土壤水分的异步变化模式中临界边的确定可能存在的局限。近年来，基于表层、根层土壤水分同步、异步变化模式引起人们的广泛关注，探究两种不同的模式在实际应用中的表现，对深刻理解蒸散发与土壤水分系统之间的关系具有重大意义，同时为应用和发展特征空间理论定量反演蒸散发提供切实的建议。

在不增加额外数据输入的前提下，应用 Penman-Monteith 公式弥补了云覆盖条件下传统特征空间方法无法反演地表蒸散发的不足。分别以全国和黑河流域为例，初步探索了区域尺度全天空蒸散发的定量反演。应用目前常用的卫星影像和气象格网数据生产了全国和黑河流域空间连续的蒸散发数据，并基于水文观测资料评估了其可靠性。

完全基于卫星观测资料，提出了全天候相对湿度估算方法，为实现基于全遥感数据的全天候地表蒸散发反演奠定了基础。该估算方法能够同时获取卫星像元尺度的气温和相对湿度，极大地减少了基于特征空间模型的地表蒸散发反演对传统气象观测数据或再分析数据的依赖。

本研究针对目前蒸散发反演存在的主要问题与矛盾开展研究，重点围绕逐像元特征空间模型蒸散发及其关键参数的反演，虽然取得了一些有意义的研究成果，但还有一些工作需要改进。在当前蒸散发研究进展的基础之上，进一步的研究可以集中在以下三个关键问题。

目前，常用的确定逐像元特征空间模型四个极限干湿端元地表温度值的方法是通过能量平衡方程的求解。然而，到目前为止，还没有实际的实验设计或设备报道能够获得四种极端情况下的实际地表温度值。然而，最终极限干湿端元地表温度值的准确性会直接影响地表蒸散发的估算。为此，希望未来在地表能量平衡原理的基础之上，结合先进的热红外地表温度观测仪器设备与控制实验，探索极限干湿端元地表温度的确定方法。

由于地表温度是特征空间模型的主要参数，遥感地表温度反演误差将直接影响地表蒸散发反演。为此，有必要进一步提高热红外遥感地表温度反演精度。尤其是，考虑到像元的局地观测时间和角度并不一致，通过时间和角度归一化来获得更好的地表温度产品是一个很有前景的研究方向。此外，由于目前的地表温度反演方法没有考虑相邻热红外像元的邻近像元效应，进一步的研究也可以关注这一问题。

基于遥感反演得到的地表蒸散发一般为卫星过境时的瞬时值。在农业、水资源管理以及气候变化等领域的应用中，往往需要日尺度、月尺度甚至年尺度的蒸散发数据。目前，瞬时蒸散发的时间尺度扩展已经成为蒸散发遥感定量反演研究的热点与前沿课题之一。虽然已经发展了多种蒸散发时间尺度扩展的方法，但是大部分的应用都必须完全基于晴空条件下。而在实际应用中，完全晴空条件很难满足，特别是对于潮湿多云区域。考虑不同云的特征对瞬时蒸散发时间尺度扩展的影像，发展多种天气条件下蒸散发的时间扩展研究对相关各领域具有十分重要的应用价值。

第7章　土壤水分遥感研究发展
趋势与展望

　　遥感技术的发展，为获取大范围土壤水分及其时空变化信息提供了前所未有的契机，有力地促进了全球水分循环、地表能量平衡以及碳循环等领域的基础理论与应用实践的发展。总的来说，近半个世纪以来，土壤水分遥感反演研究已经取得了许多重要的进展，研制的全球土壤水分科学数据产品已在地球系统科学各领域得到了广泛的应用。与此同时，从科学技术的发展与人类生活生产的需求来看，当前的土壤水分遥感研究在很多方面还有极大的进步空间，仍需要大量深入细致的研究工作，才能真正获取满足地球系统科学实际应用需求的土壤水分数据。有鉴于此，本书对土壤水分遥感研究发展趋势进行了如下分析与展望。

7.1　多波段协同的全天候高分辨率土壤水分反演

　　土壤水分遥感反演历经半个多世纪，在理论方法和数据产品上均取得了令人瞩目的成就。其中，基于被动微波反演土壤水分是目前研究最为活跃的领域之一。特别是近几年来，国际上已经发射了多颗专门的土壤水分监测卫星，研制和发布了多套全球土壤水分产品数据。然而，这些基于被动微波的低空间分辨率土壤水分产品数据虽然在全球尺度研究中发挥了重要的作用，但与人类生活生产密切相关的诸多领域，如田间尺度农业管理、区域旱情监测以及流域尺度水循环等可能面临没有直接的土壤水分数据可用的窘境。

大量研究表明，与人类生活生产密切相关的农业、水资源和气候等领域迫切需要空间连续的较高空间分辨率（百米到公里级）和时间分辨率（1～3 天）的土壤水分数据（Crow et al., 2012；Peng et al., 2017）。从目前主要的土壤水分遥感反演算法来看，光学遥感虽然能够满足空间分辨率的要求，但其容易受到云的影响，很难获取大范围空间连续的有效观测数据；相比于光学遥感，微波具备更强的穿透性，能够获取云覆盖地表土壤水分信息，从而弥补土壤水分光学遥感反演因云影响导致的空缺。目前，被动微波是全球尺度土壤水分监测的主要手段，但其空间分辨率较低，无法直接应用于流域乃至田间尺度的相关研究中；主动微波虽然具有较高的空间分辨率和全天候监测能力，理论上是获取全天候高空间分辨率土壤水分的理想数据源，但其时间分辨率一般较长且幅宽较窄，特别是受巨大的数据量和复杂的处理过程的限制，主动微波并不适用于植被快速生长和农业旱情发展关键阶段等亟须对大范围土壤水分进行频繁动态监测的情形。

可见光/近红外、热红外以及微波能够从不同的角度提供土壤水分信息，是目前土壤水分反演最常用的数据源。特别地，现有几乎所有的业务化土壤水分科学数据产品都源自微波（尤其是被动微波）——尽管在这些微波土壤水分反演方法中也能看到可见光/近红外与热红外遥感数据的影子——他们通常充当着辅助数据的角色来消除植被对土壤水分反演的影响。很高兴地看到微波土壤水分反演方法及其数据产品的蓬勃发展，但仍然坚信，可见光/近红外与热红外遥感也能够扮演同样重要的角色。近年来，越来越多的学者致力于云覆盖像元可见光/近红外与热红外遥感观测数据的重建——尽管重建获得的云下可见光/近红外与热红外地表参数精度尚不及晴空条件对应参数的精度，但这些工作的开展仍然为可见光/近红外与热红外遥感摆脱云影响、反演时空连续的土壤水分提供了一种值得尝试的途径。尽管如此，仍然要强调，当前这些研究内容虽然看起来是热红外遥感应用的热点，但较少有学者专注于云覆盖像元真实地表温度以及土壤水分的获取——当前大多数研究仍然热衷于机器学习/深度学习这一类方法的应用。显然，这些方法虽然能够提供云下地表温度的估计值，但其与真实情况仍存较大差距，无益于云下准确的地表温度获取这一瓶颈问题的解决。

热红外与被动微波遥感协同与融合以获取全天候高空间分辨率地表温度数据是一种可行的方案，这是因为热红外与被动微波具有相似的获取地表热辐射的能力，理论上可以"直接且合理"地获取地表热辐射信息，而非"无中生有"地通过数字游戏"创造"云下地表温度，这为将来开展高空间分辨率业务化土壤水分产品的研发奠定了基础。然而，值得注意的是，热红外与被动微波地表温度在反演算法、空间分辨率、探测深度等诸多方面仍然存在诸多需要解决的问题，一个公认的事实是，当前被动微波地表温度反演精度远远低于热红外地表温度反演精度。因此，建议从物理机理上加强被动微波与热红外协同研究，获取观测物理意义一致的、全天候、高空间分辨率地表温度，为全天候高分辨率土壤水分反演奠定基础。

7.2 根层土壤水分反演

对于农作物生长来说，来自大气的降水或者灌溉水首先通过表层土壤下渗进入根层土壤中，然后在根层土壤中被植物根系吸收，最后通过植被蒸腾作用再次进入大气中。这个过程不仅完成了水分在土壤—植被—大气系统的循环，而且是植物养分输送的主要途径。因此，根层土壤水分的监测对作物长势监测、产量估算、农田灌溉决策以及农业干旱监测预警等至关重要，是农业领域相比于表层土壤水分来说更为重要的参数（Pablos et al., 2018；Xu et al., 2021）。除此之外，考虑到根层土壤水分在植被承载、水土保持、气象调节等方面的重要作用，区域尺度根层土壤水分及其时空变化信息的获取也得到了生态、水文、气候等诸多领域的广泛关注（Choi et al., 2021；Grillakis et al., 2021）。

相较于大尺度的基于遥感的根层土壤水分数据同化方法以及包含复杂参数率定过程的基于数据驱动的根层土壤水分模型，低频主动微波遥感与热红外遥感是直接获取高空间分辨率根层土壤水分的两个主要途径。理论上，具有较强穿透性的低频主动微波（如 P 波）能够穿透较深的土壤层，是直接反演根层土壤水分的最优选择（Etminan et al.，2020；Tabatabaeenejad et al.，2020；Ye et al.，2020）。然而，当前相关研究仍处于起步发展阶段，只有少数卫星计划搭载 P 波雷达（如 NASA 的 SNoOPI 预计 2022 年发射，欧洲空间局的 Biomass 预计 2023 年发射）。相较而言，基于热红外遥感的根层土壤水分反演方法得到了更多的关注。这主要是因为热红外遥感能够通过探测植被水分胁迫信息来获取根层土壤水分（Scott et al.，2003；Alburn et al.，2015；Akuraju et al.，2021）。值得注意的是，当前热红外遥感地表温度反演技术的成熟与热红外地表温度产品的广泛应用，极大程度上促进了基于热红外地表温度的根层土壤水分反演方法研究——众所周知，现有多波段热红外传感器的地表温度反演算法已"接近完美"，大部分情况下热红外地表温度产品的精度可达 1 K（Li et al.，2013）。尽管如此，由于植被水分胁迫还受到诸如土壤类型、植被结构以及大气状况等的影响，当前基于热红外的根层土壤水分反演方法仍以站点尺度为主，难以扩展到区域尺度。同时，现有方法没有考虑土壤水分影响植被水分胁迫的物理机制，限制了根层土壤水分反演精度的提升。

从目前主要的根层土壤水分获取方法来看，虽然基于数据同化的预测方法仍然占据着主导地位，但基于数据同化的根层土壤水分产品空间分辨率普遍较低，使其更适用于全球尺度的相关应用；基于数据驱动的模型估算方法需要大量地表参数对模型进行率定或者训练，一定程度上限制了这类方法的实际应用；相比之下，基于遥感的物理反演方法不仅能够直接获得高空间分辨率的根层土壤水分数据，而且无须复杂的参数率定或者训练过程，是一种更加直接的获取高空间分辨率根层土壤水分的有效途径。在基于遥感的物理反演方法中，考虑到主动微波的幅宽一般较窄，特别是受庞大的数据量和复杂的处理过程的限制，主动微波并不适用于对大范围根层土壤水分进行频繁动态监测，且目前基于低频主动微波的根层土壤水分反演方法仍处于起步研究阶段。相比之下，基于热红外遥感的根层土壤水分遥感反演方法受到了更为广泛的关注。无论是从常用的遥感数据源的特征，还是从根层土壤水分遥感反演方法研究现状来说，基于热红外遥感的根层土壤水分反演是当前实现高空间分辨率根层土壤水分及其时空动态监测的最合理途径。因此，针对现有热红外根层土壤水分遥感反演方法存在的普适性差与精度低的问题，发展普适性高精度根层土壤水分遥感反演方法，实现区域尺度高空间分辨率根层土壤水分的有效监测，不仅体现了未来定量遥感的重要发展方向，更是满足区域尺度农业、生态、水文、气候等领域对高空间分辨率根层土壤水分数据需求的必然选择。

7.3 不依赖于辅助数据的土壤水分反演

由于土壤水分并不是遥感可直接反演的地表参数，辅助数据的使用是土壤水分遥感反演中一个不可避免的问题。在目前常用的土壤水分反演方法中，气象要素（如空气温度、太阳辐射和相对湿度）和土壤质地是两类常用的辅助数据。具体地说，气象要素通常为土壤水分反演提供必要的物理边界条件，而土壤质地则用于获取与土壤体积含水量耦合的土壤水力特征参数。就气象要素而言，虽然已有大量算法致力于空气温度、太阳辐射以及相对湿度等的估算，但目前的大多数方法只针对晴空条件，而且反演精度远低于站点实测气象要素的精度。对于土壤质地来说，虽然目前国际上已发展有多种数字化土壤属性产品数据，但这些产品数据大多用于大空间尺度的模拟/同化研究。在流域或者田间尺度土壤水分反演中，土壤质地信息更多是利用光学或者 SAR 数据来获取。近年来，有学者在土壤水分遥感反演中引入新的信息，发展了不依赖土壤质地的土壤水分反演方法。例如将静止气象卫星时间信息引入土壤水分反演中，构建全新的遥感多时相地表温度—短波净辐射椭圆关系模型，探索表征椭圆形态的参数与土壤水分之间的内在物理关联，发展遥感时间信息土壤水分反演方法，便是消除定量的土壤体积含水量反演对土壤质地依赖的全新尝试。然而，该方法目前只适用于裸土与低植被覆盖条件。此外，基于时间信息的土壤水分反演方法中系数的计算对气象数据仍然存在一定的依赖。尽管如此，仍然看到了除了常规的遥感光谱、空间信息之外的遥感时间信息在土壤水分反演中的巨大潜力，更重要的是这种尝试体现了一种新的思维，即：在气象要素这一空间分布不均的辅助数据上，提出了用"历史"替代"实时"的转换思维；在土壤质地这一精确获取难度不亚于土壤水分的辅助数据上，提出了"时间"换"空间"的反演思维，充分发挥遥感时间信息，消除了空间异质的土壤质地对土壤水分反演的影响，发展了无须已知土壤质地的土壤水分定量遥感反演方法。总之，未来在土壤水分遥感反演中，需要进一步解放思想，通过引入新的遥感信息，发展不依赖或少依赖辅助数据的方法，这才是有效提升土壤水分反演精度的关键。同时，针对现有土壤水分所依赖的辅助数据，可通过新的遥感信息与新的反演思维，发展相应的高精度估算方法，减少乃至消除土壤水分反演对辅助信息的依赖。

7.4 高级土壤水分产品研发

尽管当前遥感土壤水分反演模型与方法研究已取得巨大的成就，遥感土壤水分产品也得到了广泛的应用，但是，当前的遥感土壤水分产品实际上还是处于较为初级的发展阶段。在现有遥感土壤水分产品的基础上，对高级土壤水分产品的定义增加了两个方面的要求：一是具有统一的表征深度；二是具有明确的精度表达。

在现有土壤水分遥感反演方法中，土壤水分探测深度较少被深入探讨。虽然 5 cm 或 10 cm 土壤水分实测数据通常被用来验证遥感反演结果，但这更像是为了科学研究发展的一种"无奈之举"，而非遥感土壤水分表征深度的客观事实。理论上，光学遥感仅能探测几毫米土壤表皮水分状况，而微波也仅能探测几厘米深度土壤水分。而且，微波探测深度一般随土壤表面状态变化而变化，这主要取决于土壤层中水分含量与探测频率。这就是说，当前获得的 1 景土壤水分数据产品中，可能每个像元所表征的物理意义不尽相同。然而，对于土壤水分使用者来说，几乎所有的陆面过程模型或者水文模型需要的是固定深度的土壤水分数据，这便造成了土壤水分产品生产者与使用者之间不可调和的矛盾。除此之外，相对于遥感仅能获取较浅层土壤中的水分，深层土壤水分才是各行业应用最为关注的。尤其是在农业应用中，根层土壤水分对农业干旱监测、灌溉决策以及产量预测等具有更为重要的意义。考虑到探测深度是电磁辐射的一种特性，以及其与土壤质地、土壤水分含量等复杂下垫面高度异质性地表要素的关联，至少在土壤水分反演方法的发展上，目前还没有很好的解决卫星土壤水分数据生产者与使用者之间在土壤水分探测深度上的矛盾。基于数据同化技术或熵理论等后处理步骤，以及充分发挥现今热门的机器学习方法在处理复杂地表参数估算方面的优势，有可能是获得具有统一的表征深度的土壤水分数据的有效手段。

除此之外，尽管当前有大量论文对土壤水分反演结果或遥感土壤水分产品开展了不同程度的验证工作，并给出了相应的精度评估结果。然而，像元尺度土壤水分真值（或相对真值）的获取十分困难。长期以来，土壤水分均方根误差在 $0.04~m^3/m^3$ 以内是业界长期追求的精度。然而，对于不同的土壤表面条件，它并不是一个具有代表性的目标精度。从理论上来说，大多数土壤水分反演方法在干燥和湿润土壤的反演精度存在差异，这是由土壤水分随遥感地表参数的非线性变化造成的。而且，不同的土壤质地通常拥有不同的土壤持水量特征，这使得用统一的目标精度来评价不同土壤质地的土壤水分反演精度缺乏合理性。除此之外，虽然目前大部分土壤水分反演方法或产品数据已经达到或接近上述目标精度，但这些土壤水分的验证工作大多是在稀疏或中等植被覆盖地区开展的。考虑到植被通常被认为是将土壤信号从卫星数据中分离出来的干扰项，在浓密植被覆盖条件下，准确的土壤水分遥感反演仍然面临着巨大的挑战。尤其是，从事过土壤水分地面观测实验的同行们应该非常清楚，土壤水分的空间异质性极大，进一步加大了像元尺度土壤水分真值（相对真值）的获取难度。合理的地面采样、准确的尺度转换、清晰的目标精度以及全面的评估策略，不仅对获取土壤水分的真实精度状况缺一不可，且是未来发展高级土壤水分产品必须考虑的环节。

主要参考文献

ABURN N, NIEMANN J, ELHADDAD A, 2015. Evaluation of a surface energy balance method based on optical and thermal satellite imagery to estimate root-zone soil moisture[J]. Hydrological Processes, 29（26）: 5354-5368.

ADEGOKE J, CARLETON A, 2002. Relations between soil moisture and satellite vegetation indices in the U. S. Corn Belt[J]. Journal of Hydrometeorology, 3（4）: 395-405.

AKURAJU V, RYU D, GEORGE B, 2021. Estimation of root-zone soil moisture using crop water stress index（CWSI）in agricultural fields[J]. GIS Science and Remote Sensing, 58（3）: 340-353.

AL-YAARI A, WIGNERON J, DORIGO W, et al., 2019. Assessment and inter-comparison of recently developed/reprocessed microwave satellite soil moisture products using ISMN ground-based measurements[J]. Remote Sensing of Environment, 224（5）: 289-303.

ANDREASEN M, JENSEN K, DESILETS D, et al., 2017. Status and perspectives on the cosmic-ray neutron method for soil moisture estimation and other environmental science applications[J]. Vadose Zone Journal, 16

（18）：1-11.

ÅNGSTRÖM A, 1925. The albedo of various surfaces of ground[J]. Geografiska Annaler, 7（4）：323-342.

ATTEMA E, ULABY F, 1978. Vegetation modeled as a water cloud[J]. Radio Science, 13（2）：357-364.

BABAEIAN E, SADEGHI M, JONES S, et al., 2019. Ground, proximal, and satellite remote sensing of soil moisture[J]. Reviews of Geophysics, 57（2）：530-616.

BASTIAANSSEN W, MOLDEN D, MAKIN I, 2000. Remote sensing for irrigated agriculture：Examples from research and possible applications[J]. Agricultural Water Management, 46（2）：137-155.

BROCCA L, CROW W, CIABATTA L, et al., 2017. A review of the applications of ASCAT soil moisture products[J]. IEEE Journal of Selected Topics in Applied Earth Observations and Remote Sensing, 10（5）：2285-2306.

CHAUHAN N, 1997. Soil moisture estimation under a vegetation cover：Combined active passive microwave remote sensing approach[J]. International Journal of Remote Sensing, 18（5）：1079-1097.

EAGLEMAN J, LIN W, 1976. Remote sensing of soil moisture by a 21-cm passive radiometer[J]. Journal of Geophysical Research, 81（21）：3660-3666.

ETMINAN A, TABATABAEENEJAD A, MOGHADDAM M, 2020. Retrieving root-zone soil moisture profile from P-band radar via hybrid global and local optimization[J]. IEEE Transactions on Geoscience and Remote Sensing, 58（8）：5400-5408.

FAMIGLIETTI C, FISHER J, HALVERSON G, et al., 2018. Global validation of MODIS near-surface air and dew point temperatures[J]. Geophysical Research Letters, 45（15）：7772-7780.

GHULAM A, QIN Q, TEYIP T, et al., 2007. Modified perpendicular drought index（MPDI）：A real-time drought monitoring method[J]. ISPRS Journal

土壤水分光学遥感反演：模型、方法与实践

of Photogrammetry and Remote Sensing, 62（2）: 150-164.

HAUBROCK S, CHABRILLAT S, LEMMNITZ C, et al., 2008. Surface soil moisture quantification models from reflectance data under field conditions [J]. International Journal of Remote Sensing, 29（1）: 3-29.

JAGDHUBER T, KONINGS A, MCCOLL K, et al., 2019. Physics-based modeling of active and passive microwave covariations over vegetated surfaces [J]. IEEE Transactions on Geoscience and Remote Sensing, 57（2）: 788-802.

KAHLE A, 1977. A simple thermal model of the earth's surface for geologic mapping by remote sensing [J]. Journal of Geophysical Research, 82（11）: 1673-1680.

KALMA J, MCVICAR T, MCCABE M, 2008. Estimating land surface evaporation: A review of methods using remotely sensed surface temperature data [J]. Surveys in Geophysics, 29（4）: 421-469.

KARTHIKEYAN L, PAN M, WANDERS N, et al., 2017. Four decades of microwave satellite soil moisture observations: Part 1. A review of retrieval algorithms [J]. Advances in Water Resources, 109（9）: 106-120.

KUSTAS W, NORMAN J, 2000. A two-source energy balance approach using directional radiometric temperature observations for sparse canopy covered surfaces [J]. Agronomy Journal, 92（5）: 847-854.

LENG P, SONG X, LI Z, et al., 2014. Bare surface soil moisture retrieval from the synergistic use of optical and thermal infrared data [J]. International Journal of Remote Sensing, 35（4）: 988-1003.

LI Z, LENG P, ZHOU C, et al., 2021. Soil moisture retrieval from remote sensing measurements: Current knowledge and directions for the future [J]. Earth-Science Reviews, 218（7）: 103673.

MATSUSHIMA D, ASANUMA J, KAIHOTSU I, 2018. Thermal inertia approach using a heat budget model to estimate the spatial distribution of surface soil moisture over a semiarid grassland in central Mongolia [J]. Journal of Hydrometeorology, 19（1）: 245-265.

NJOKU E, KONG J, 1977. Theory for passive microwave remote sensing of near-surface soil moisture[J]. Journal of Geophysical Research, 82 (20): 3108-3118.

OUELLETTE J, JOHNSON J, BALENZANO A, et al., 2017. A time-series approach to estimating soil moisture from vegetated surfaces using L-band radar backscatter[J]. IEEE Transactions on Geoscience and Remote Sensing, 55 (6): 3186-3193.

PARINUSSA R, WANG G, HOLMES T, et al., 2014. Global surface soil moisture from the microwave radiation imager onboard the Fengyun-3B satellite[J]. International Journal of Remote Sensing, 35 (19): 7007-7029.

PETROPOULOS G, CARLSON T, WOOSTER M, et al., 2009. A review of Ts/VI remote sensing based methods for the retrieval of land surface energy fluxes and soil surface moisture[J]. Progress in Physical Geography, 33 (2): 224-250.

PIERDICCA N, PULVIRENTI L, TICCONI F, et al., 2008. Radar bistatic configurations for soil moisture retrieval: A simulation study[J]. IEEE Transactions on Geoscience and Remote Sensing, 46 (10): 3252-3264.

SADEGHI M, BABAEIAN E, TULLER M, et al., 2017. The optical trapezoid model: A novel approach to remote sensing of soil moisture applied to Sentinel-2 and Landsat-8 observations[J]. Remote Sensing of Environment, 198 (9): 52-68.

SANDHOLT I, RASMUSSEN K, ANDERSEN J, 2002. A simple interpretation of the surface temperature/vegetation index space for assessment of surface moisture status[J]. Remote Sensing of Environment, 79 (2): 213-224.

SCHMUGGE T, GLOERSEN P, WILHEIT T, et al., 1974. Remote sensing of soil moisture with microwave radiometers[J]. Journal of Geophysical Research, 79 (2): 317-323.

SENEVIRATNE S, CORTI T, DAVIN E, et al., 2010. Investigating soil moisture-climate interactions in a changing climate: A review[J]. Earth-Science Reviews, 99 (3): 125-161.

TABATABAEENEJAD A, CHEN R, BURGIN M, et al., 2020. Assessment and validation of AirMOSS P-band root-zone soil moisture products[J]. IEEE Transactions on Geoscience and Remote Sensing, 58 (9): 6181-6196.

TODOROVIC M, 1999. Single-layer evapotranspiration model with variable canopy resistance[J]. Journal of Irrigation and Drainage Engineering, 125 (5): 235-245.

VEREECKEN H, HUISMAN J, Franssen H, et al., 2015. Soil hydrology: Recent methodological advances, challenges, and perspectives[J]. Water Resourses Research, 51 (4): 2616-2633.

VERMUNT P, KHABBAZAN S, STEELE-DUNNE S, et al., 2021. Response of subdaily L-band backscatter to internal and surface canopy water dynamics [J]. IEEE Transactions on Geoscience and Remote Sensing, 59 (9): 7322-7337.

VERSTRAETEN W, VEROUSTRAETE F, VAN DER SANDE C, et al., 2006. Soil moisture retrieval using thermal inertia, determined with visible and thermal spaceborne data, validated for European forests[J]. Remote Sensing of Environment, 101 (3): 299-314.

彩　　图

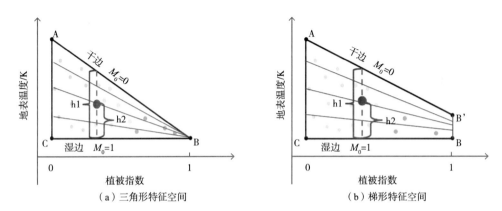

（a）三角形特征空间　　　　　　　　　　　（b）梯形特征空间

彩图 1.2　以植被指数为横轴、地表温度为纵轴的三角形特征空间（a）
与梯形特征空间（b）示意图

注：h1 是目标像元对应的干边到湿边的长度，h2 为该像元到湿边的长度；蓝色线段表示土壤水分等值线。

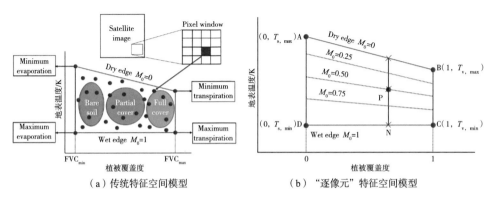

（a）传统特征空间模型　　　　　　　　　　（b）"逐像元"特征空间模型

彩图 3.1　传统特征空间模型（a）与"逐像元"特征空间模型（b）示意图

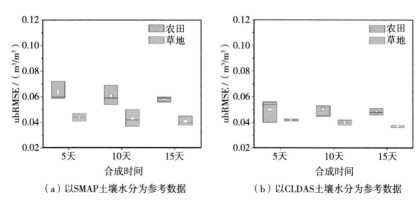

（a）以SMAP土壤水分为参考数据　　　　　（b）以CLDAS土壤水分为参考数据

彩图 3.12　基于土壤水力特征参数反演的不同时间尺度土壤水分

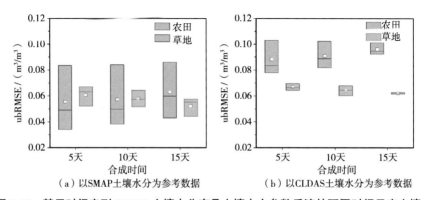

（a）以SMAP土壤水分为参考数据　　　　　（b）以CLDAS土壤水分为参考数据

彩图 3.13　基于时间序列 SMAP 土壤水分产品土壤水力参数反演的不同时间尺度土壤水分

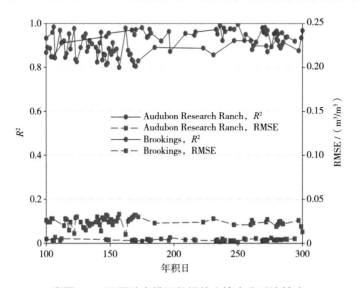

彩图 4.3　不同站点模拟数据的土壤水分反演精度

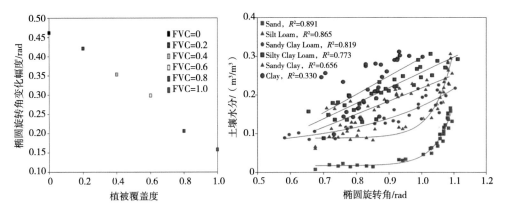

彩图 4.5　壤土在不同的植被覆盖度下对
　　　　应的椭圆旋转角的变化情况

彩图 4.6　表层土壤水分和椭圆旋转角在不同
　　　　土壤质地下的散点图

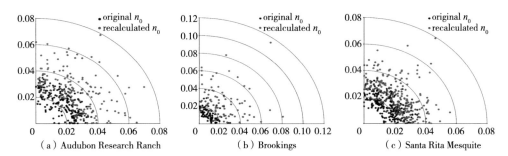

彩图 4.12　原来土壤水分反演模型（original n_0）与改进后的模型（recalculated n_0）
　　　　　反演的土壤水分在不同站点的精度情况（单位：m^3/m^3）

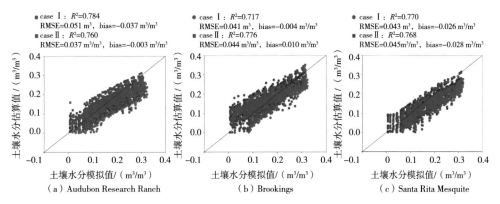

彩图 4.15　不同系数获取方式对应的土壤水分反演结果与模拟的土壤水分

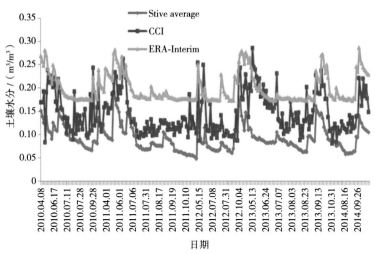

彩图 4.17　西班牙 REMEDHUS 地区给定微波像元内不同土壤水分时间序列数据

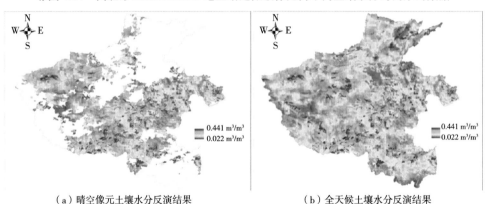

（a）晴空像元土壤水分反演结果　　　　　　（b）全天候土壤水分反演结果

彩图 5.1　基于"逐像元"特征空间模型反演的晴空像元土壤水分（a）
与全天候土壤水分反演结果（b）

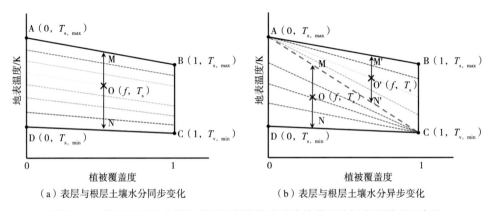

（a）表层与根层土壤水分同步变化　　　　　　（b）表层与根层土壤水分异步变化

彩图 6.1　表层与根层土壤水分不同变化模式对应的梯形特征空间模型示意图

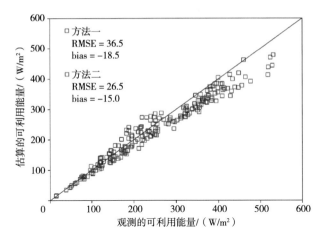

彩图 6.9　云覆盖像元估算的可利用能量与观测值散点图

注：蓝色方框为方法一，红色方框为方法二。

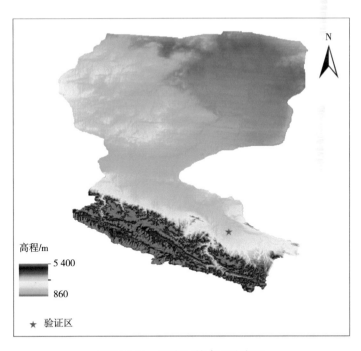

彩图 6.13　研究区的高程分布图

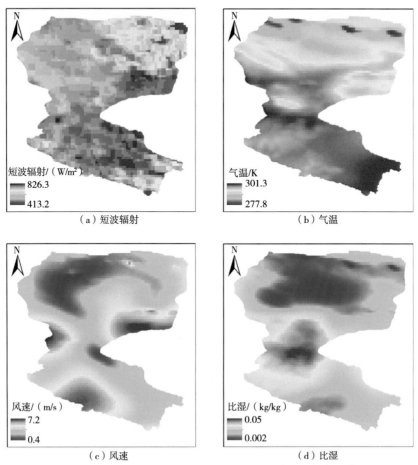

（a）短波辐射 （b）气温

（c）风速 （d）比湿

彩图 6.14 2012 年 6 月 1 日 CLDAS 产品的不同气象要素

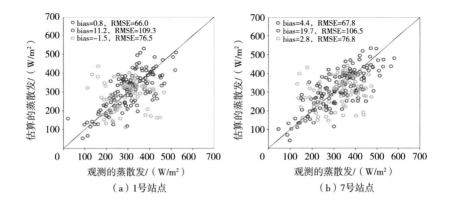

（a）1号站点 （b）7号站点

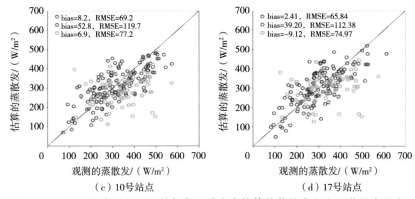

（c）10号站点　　　　　　　　　（d）17号站点

彩图 6.17　不同站点采用不同的气象驱动方案估算的蒸散发和实测蒸散发散点图

注：红色为方法一估算的蒸散发与实测蒸散发散点图；绿色为方法二估算的蒸散发与实测蒸散发散点图；蓝色为方法三估算的蒸散发与实测蒸散发散点图。

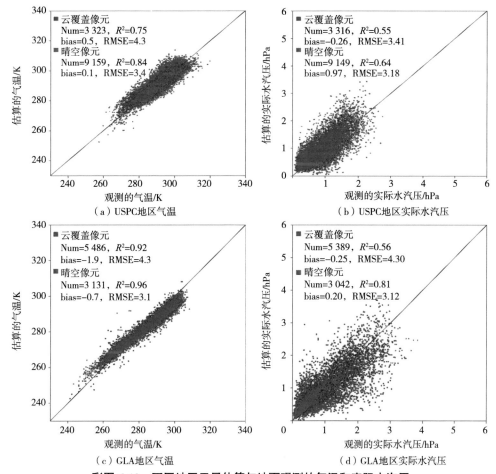

（a）USPC地区气温　　　　　　　　　　　（b）USPC地区实际水汽压

（c）GLA地区气温　　　　　　　　　　　（d）GLA地区实际水汽压

彩图 6.19　不同地区卫星估算与地面观测的气温和实际水汽压

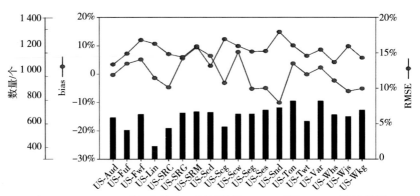

彩图 6.20　USPC 地区各站点可利用数据、bias 以及 RMSE 统计结果

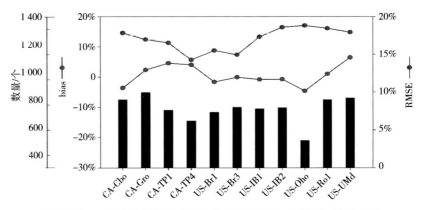

彩图 6.22　GLA 地区各站点可用数据、bias 以及 RMSE 统计结果

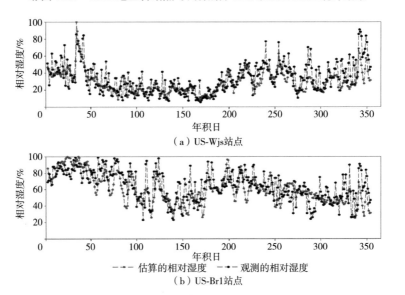

（a）US-Wjs站点

（b）US-Br1站点

　　　--●-- 估算的相对湿度　　--●-- 观测的相对湿度

彩图 6.25　*RH* 估算值与观测值点折线图